『十三五』国家重点出版物

『大国三农』系列丛书

『舌尖上』的安全

——从田间到餐桌的风险治理

吴林海 陈秀娟 尹世久 等◎著

中国农业出版社
北京

图书在版编目（CIP）数据

“舌尖上”的安全 ：从田间到餐桌的风险治理 / 吴林海等著. — 北京 ：中国农业出版社，2019.10
（“大国三农”系列丛书）
“十三五”国家重点出版物
ISBN 978-7-109-25660-6

Ⅰ. ①舌… Ⅱ. ①吴… Ⅲ. ①食品安全－安全管理－研究－中国 Ⅳ. ①TS201.6

中国版本图书馆CIP数据核字（2019）第129955号

“舌尖上”的安全——从田间到餐桌的风险治理
“SHEJIAN SHANG” DE ANQUAN—CONG TIANJIAN DAO CANZHUO DE FENGXIAN ZHILI

中国农业出版社出版
地址：北京市朝阳区麦子店街 18 号楼
邮编：100125
责任编辑：徐芳　　　　责任校对：周丽芳
版式设计：北京八度出版服务机构
印刷：北京通州皇家印刷厂
版次：2019 年 10 月第 1 版
印次：2019 年 10 月北京第 1 次印刷
发行：新华书店北京发行所
开本：700mm×1000mm　1/16
印张：15.25
字数：216 千字
定价：78.00 元

序

FOREWORD

信凯同志托我为他担任总主编的“‘大国三农’系列丛书”作序，翻阅书稿后，欣然提笔，因为这套丛书从立意到内容都打动了我。

大国三农，这个丛书名字气势磅礴，说明策划编写立意高远。“农者，天下之本也。”重农固本是安民之基、治国之要。“三农”问题不仅事关人民群众的切身利益，同时也关系到社会的安定和整个国民经济的发展。正如习近平总书记指出：“我国13亿多张嘴要吃饭，不吃饭就不能生存，悠悠万事，吃饭为大。”他还强调：“我国是个人口众多的大国，解决好吃饭问题始终是治国理政的头等大事。”

新中国成立70年，尤其是改革开放以来，我国的“三农”事业发展取得了举世瞩目的成就。全国粮食总产量接连跨上新台阶，特别是近五年来，我国粮食连年丰收，产量已稳定在1.2万亿斤以上，解决了13亿人的温饱问题；肉类人均占有量已超过世界平均水平，禽蛋达到了发达国家水平，“吃肉等过节”已经成为历史；农村贫困人口持续减少，2018年贫困发生率下降到了1.7%；农业现代化水平大幅提高，农业科技进步贡献率达到56.65%，靠天吃饭逐渐成为历史……

但是，我们也应该清晰地看到，我国农业的基础仍然比较脆弱，正如习近平总书记强调："一定要看到，农业还是'四化同步'的短腿，农村还是全面建成小康社会的短板。"在大国小农的背景下，如何让农业成为有奔头的产业，让农民成为有吸引力的职业，让农村成为安居乐业的美丽家园，这套丛书给出了清晰的答案：乡村振兴战略为农业农村的未来发展描绘了宏伟而美好的蓝图；把饭碗牢牢端在自己手上，保障国家粮食安全；加强从田间到餐桌的风险治理，确保舌尖上的安全；培育壮大新型农业经营主体，解决未来谁种地的问题；建设美丽乡村，改善农村人居环境；给农业插上科技的翅膀，用科技创新驱动农业现代化；培育新产业、新业态与新机制，为农业农村发展提供新动能。

以信凯同志为首的丛书作者都是高等院校的中青年专家，有着丰富的研究功底和实践经验，对丛书内容的把握深浅得当，既有较强的理论性，也有丰富的实践性；表达叙述做到了用浅显易懂的语言把复杂问题讲清楚；图说、数说、声音、案例等多种多样的辅助性材料使得内容鲜活生动，避免了枯燥的说教。整套丛书对我国农业农村的整体情况进行了全景式展现，尤其是对党的十八大以来农业农村发展的新成就进行了总结，对"三农"事业的未来发展做出了前瞻性展望。

毫不夸张地说，现在的农业早已不是过去的样子了，从事农业工作再也不是"面朝黄土背朝天"了，农业是最有发展前景的行业，未来的发展方向是机械化、信息化、智能化，甚至要艺术化。现在的年轻人，尤其是学习农业专业的青年学生们，一定要了解我国农业农村的现状和未来，树立自信，从事农业不仅大有可为，而且是大有作为；一定要打心底里懂农业、爱农业，志存高远，为国家和社会的发展和进步奋斗，这样的人生才有意义。

民以食为天，食以稻为主。从而立至耄耋，我为水稻育种事业和人类温饱问题奋斗了几十年，无怨无悔，矢志不渝。我有两个梦：一个是禾下乘凉梦，梦想试验田里的超级杂交稻长得有高粱那么高、稻穗有扫把那么长、谷粒有花生米那么大，我坐在禾下悠闲地纳凉；另一个是杂交稻覆盖全球梦，希望全世界不再有饥荒，人类不用再忍受饥饿。

我始终坚信，在党和国家的高度重视和坚强领导下，充分发挥社会主义制度优势，不断激发“三农”工作者的积极性、创造性和主动性，通过汇集全社会的磅礴力量，农业强、农村美、农民富的壮美图景必将早日实现。

实现“中国梦”，基础在“三农”。

谨以为序。

袁隆平

2019年5月

前言
PREFACE

食品安全是天大的事，是关乎国家根本的“民生工程”和“民心工程”，是举国上下必须始终抓好的重大政治任务。党的十八大以来，在新的治国理政伟大实践中，以习近平同志为核心的党中央旗帜鲜明地明确了食品安全风险治理在我们党治国理政中的基本定位，以巨大的理论勇气提出了一系列重大战略思想，作出了系统化的制度安排，创造性地形成了体系化的理论成果，基本完成了具有中国特色的食品安全风险治理的顶层设计，并以巨大的实践勇气卓有成效地推进了“从田间到餐桌”的食品安全风险全程治理，开辟了食品安全风险治理的新境界。为了更好地反映党的十八大以来我国食品安全风险治理所取得的伟大成就与“产出来”“管出来”的治理经验，我们在深入实际调查与长期学术研究积累的基础上，用四个部分共九个章节较为系统地阐述了党的十八大以来我国食品安全风险治理的总体状况、主要成效与未来的基本走势，深度描述了“自上而下”“自下而上”的食品安全风险治理的生动实践，同时客观地分析了新时代食品安全风险治理面临的挑战与人民群众的新期待，并基于党的十九大精神描绘了新时代中国食品安全风险治理的美好前景。

开篇：食品安全问题的新定位。这一部分由第一章构成。以习近平总书记在2013年12月召开的中央农村工作会议上对食品安全问题做出的重要阐述为开篇，描述了进入新世纪以来我国食品安全风险治理所面临的一系列十分紧迫、亟待解决的重大问题。该部分是全书的逻辑起点。

上篇：风险治理的制度创新。这一部分由第二章、第三章、第四章构成。主要阐释了党的十八大以来，以习近平同志为核心的党中央在新时代的历史起点上，以巨大的理论勇气就食品安全风险治理所提出的一系列重大战略思想和重大理论观点，阐述了具有中国特色的食品安全风险治理体系的“四梁八柱”改革的主体框架，生动地描述了推进我国食品安全风险治理体系与治理能力现代化的改革历程与取得的主要成效。

下篇：风险治理的生动实践。这一部分由第五章、第六章、第七章、第八章构成。主要沿着农产品种植养殖、食品生产加工与流通、进口食品、食品消费等“从田间到餐桌”全程链条，描述了党的十八大以来食品安全风险治理的生动实践，阐述了具有特色的食品安全风险治理中国经验。

结语：食品安全风险治理的新成效与新时代的新征程。这一部分由第九章构成。主要是综合前述各章的研究分析，从宏观层面上反映出党的十八大以来我国“从田间到餐桌”食品安全全程风险治理所取得的主要成就；基于中国特色社会主义已进入了新时代的历史背景，揭示了新时代食品安全风险治理所面临的新挑战，刻画了新时代人民群众的新期待；从食品安全风险治理的规律性和中国所处发展阶段的特殊性出发，提出了新时代食品安全风险治理的基本路径，并基于党的十九大精神描绘了新时代食品安全风险治理的美好前景。

自我们承担“中国食品安全发展报告”（教育部于2011年批准立项为哲学社会科学系列发展报告重点培育资助项目）开始，我们就在国内组建了食品安全风险治理研究团队。经过八年的发展，研究团队日趋成熟，研究成果较为丰硕。本书就是近年来研究团队又一集体劳动的结晶。具体而言，本书由研究团队首席专家吴林海教授牵头，负责整体设计、确定撰写大纲、确定研究重点与组织协调，并对书稿从头到尾逐字逐句地进行了反复修改。江南大学食品安全风险治理研究院陈秀娟博士后与曲阜师范大学尹世久教授作为主要助手在分别完成各自研究、写作任务的同时，协助推进面上的相关事项。同时，来自国内10多个单位的30多位中青年学者、政府工作人员、企业界人士参与了资料收集、案例分析与具体的研究写作。主要成员有（以姓氏笔画为序）：丁冬（美团点评集团法务部）、山丽杰（江南大学）、王建华（江南大学）、王晓莉（江南大学）、王继瑞（广西食品药品监督管理局）、牛亮云（安阳师范大学）、叶峰铭（华米上海信息技术有限公司）、吕煜昕（浙江大学舟山渔业研究中心）、朱淀（苏州大学）、朱中一（苏州大学）、刘平平（江南大学）、刘春卉（中国标准化研究院）、刘顺海（河北省廊坊市食品药品监督管理局）、刘增金（上海农业科学院）、李勇强（广西食品药品监督管理局）、李哲敏（中国农业科学院）、吴杨（江南大学）、吴玉杰（广西出入境检验检疫局）、张文峰（仲恺农业工程学院）、张春华（无锡食安健康数据有限公司）、陆姣（山西医科大学）、陈默（曲阜师范大学）、陈默（南京航天航空大学）、岳文（江南大学）、周洁红（浙江大学）、钟颖琦（浙江工商大学）、侯博（江苏师范大学）、洪巍（江南大学）、徐玲玲（江南大学）、高杨（曲阜师范大学）、浦徐进（江南大学）、黄宝华（广东省佛山市食品药品监督管理局）、龚晓茹（江南大学）、童霞（南通大学）等。我们非常感谢为本书出版做出努力的所有同仁。

需要说明的是，我们在研究过程中参考了大量的文献资料，尤其是主流媒体的报道，并尽可能地在文中一一列出，但同时也难免会有疏忽或遗漏的可能。在此，我们向有关各方表示由衷的感谢，对个别可能疏漏之处致以深深的歉意，并恳请给予指正。

“大国三农”丛书是一个完整的体系。作为其中的一个组成部分，我们感谢丛书各个分册的主编，在北京、沈阳等多次会议的研讨中，我们受益匪浅。我们对丛书总负责人朱信凯教授对我们的指导与帮助表示由衷的感谢。我们还要感谢农业农村部农产品质量安全中心金发忠主任等与中国人民大学的相关审读专家，专家们对我们的书稿逐字逐句地进行了研读，提出了大量的宝贵意见与建议。当然，中国农业出版社在本书撰写与出版过程中提供了大量帮助，付出了辛勤劳动，我们也一并表示感谢。

本书以习近平新时代中国特色社会主义思想为指导，试图紧密结合中国食品安全风险治理的生动实践与客观现实，力图深入浅出地对相关问题做出科学的解读阐释。但由于水平有限，全书仍然有诸多不足之处，恳请广大读者和社会各界人士提出宝贵意见。我们将继续坚持不懈地努力，为提升中国食品安全风险治理水平作出自己的贡献。

著者

2018年12月

目 录

CONTENTS

6 农产品源头“管”的生动实践

7 “四个最严”的创新实践

8 严守国门食品安全

结语 新时代 新征程

9 新成效与新时代的新征程

开篇

食品安全问题的新定位

1 “心情很沉重”与“四个最严”

2008年5月暴发的“三鹿奶粉”事件是新中国成立以来影响最大、涉及面最广、性质最为恶劣的重大食品安全事件。以此为起点，近年来我国农产品与食品安全问题凸显、事件频发，严重影响了社会稳定与人民的身体健康。对此，习近平总书记在2013年12月召开的中央农村工作会议上指出：毒奶粉、地沟油、假羊肉、镉大米、毒生姜、染色脐橙等事件，都引起了群众愤慨。“三鹿奶粉”事件的负面影响至今还没有消除，老百姓还是谈国产奶粉色变，出国出境四处采购婴幼儿奶粉，弄得一些地方对中国人限购。想到这些事，我心情就很沉重。“能不能在食品安全上给老百姓一个满意的交代，是对我们执政能力的重大考验”。以人民为中心的伟大情怀与对食品安全风险治理国际经验与国内实践的科学总结，习近平总书记以“既是重大的民生问题，也是重大的政治问题”来定位食品安全问题，将食品安全问题上升到了前所未有的新高度，并科学果断地提出了“四个最严”，以巨大的实践勇气开辟了新时代从田间到餐桌食品安全风险全程治理的新征程。

1.1 食品安全风险及其在中国的演化

世界上没有也不可能存在绝对零风险的食品。食品安全风险是世界各国普遍面临的公共卫生问题。所以，食品生产经营不是要承诺零风险，而是要将风险降低到可控的范围。对于食品安全事件也要具体事件具体分析，有些是人为的、主观恶意的，有些则是受客观条件与技术水平等因素的影响而难以抗拒的。因此，必须对食品安全风险、食品安全事件以及它们之间的传导机制有一个科学认识。

1.1.1 食品安全风险

风险（risk）为风险事件发生的概率与事件发生后果的乘积[①]。对于食品安全风险，联合国粮农组织（FAO）与世界卫生组织（WHO）于1995—1999年先后召开了三次国际专家咨询会[②]。国际法典委员会（CAC）认为，食品安全风险是指将对人体健康或环境产生不良效果的可能性和严重性，这种不良效果是由食品中的一种危害所引起的[③]。食品安全风险主要是指潜在损坏或威胁食品安全和质量的因子或因素，这些因素包括生物性、化学性和物理性等[④]。生物性危害主要指细菌、病毒、真菌等能产生毒素的微生物组织，化学性危害主要指农药、兽药残留、生长促进剂和污染物，及违规或违法添加的添加剂；物理性危害主要指金属、碎屑等各种各样的外来杂质。相对于生物性和化学性危害，物理性危害相对影响较小[⑤]。虽然食品安全风险是全球各国共同面临的公共卫生问题，但由于科学技术、经济与社会发展水平的差距，不同国家面临的食品安全风险并不相同，包括发达国家在内的世界上任何一个国家均不同程度

① L. B. Gratt, 1987. Uncertainty in risk assessment, risk management and decision making [M]. New York：Plenum Press.

② FAO, 1997. Risk management and food safety, food and nutrition Paper [R]. Rome：FAO Website.

③ FAO/WHO, 1997. Codex procedures manual [R]. Rome：FAO Website.

④ International life sciences institute, 1997. A simple guide to understanding and applying the hazard analysis critical control point concept [R]. Europe, Brussels.

⑤ N. I.Valeeva, M. P. M. Meuwissen, R. B. M.Huirne, 2004. Economics of food safety in chains：a review of general principles [J]. Wageningen Journal of Life Sciences (4)：369-390.

地发生过食品安全事件[①]。

食品中毒与食源性疾病

在我国，食物中毒是指食用了被生物性、化学性有毒、有害物质污染的食品，或者食用了含有有毒、有害物质的食品后出现的急性、亚急性食源性疾病。

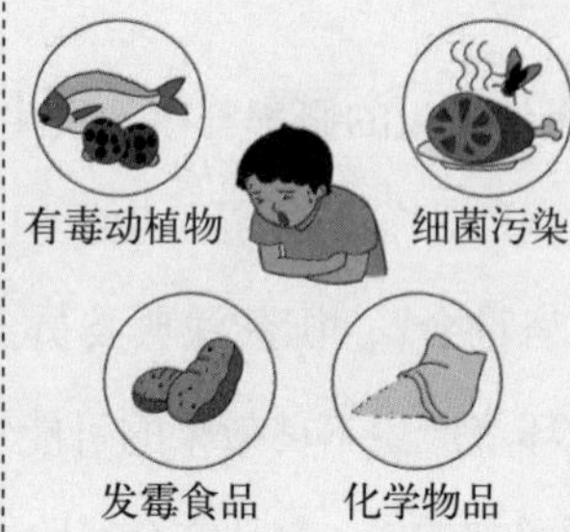

在我国，食源性疾病是指食品中致病因素进入人体引起的感染性、中毒性等疾病，包括食物中毒。

生物性、化学性和物理性是产生食品安全风险的直接因素，这些因素均是在一定生产与技术条件下产生食品安全风险的自然性因素，在某种意义上这些因素难以完全杜绝。除生物性、化学性和物理性因素外，还存在由于人的行为不当、制度性等因素造成的食品安全风险，包括生产经营者、消费者、政府规制性、国际环境等因素也可能引发食品安全风险。由于人的行为不当、制度性等因素产生的食品安全风险，一般可以称为人源性因素或人为性因素[②]。但人源性因素产生的食品安全风险也是通过物理性、化学性、生物性等因素来体现。例如，人为地违规、违法添加食品添加剂或非法添加化学物质就属于人源性因素，但其主要通过化学性途径产生食品安全风险。当然，生物性、化学性、物理性、人源性等因素的划分是相对的，实际状况往往是相互交叉的。

---

① G. A. Kleter, H. J. P. Marvin, 2009. Indicators of emerging hazards and risks to food safety [J]. Food and Chemical Toxicology (5): 1022-1039.

② 吴林海，钱和，等，2012. 中国食品安全发展报告（2012）[M]. 北京：北京大学出版社.

1.1.2 食品安全事件（事故）

世界卫生组织（WHO）对食品安全（food safety）的定义为，食品中有毒、有害物质对人体健康影响的公共卫生问题[①]。虽然WHO并未界定食品安全事件的概念，但基于其对食品安全的定义，一般可以认为，食品中含有的某些有毒、有害物质（可以是内生的，也可以是外部入侵的，或者两者兼而有之）超过一定限度而影响到人体健康所产生的公共卫生事件就属于食品安全事件。食品安全风险是否演化为食品安全事件，对人体健康产生危害，往往难以直接观察，是一个较长时间的过程[②]。例如，重金属镉进入人体后主要在人体的肝、肾部积累，难以自然消失，并经过数年甚至数十年慢性积累后可能导致人体出现显著的镉中毒症状，使人体骨骼生长代谢受阻，从而引发骨骼的各种病变，严重时导致可怕的疼痛（又称骨痛病）。20世纪60年代日本富山县神通川流域，由于开矿导致农田受到镉的严重污染，当地一些农民长期食用镉米后出现了中毒。由于患者骨头有针扎般的剧痛，故被称为骨痛病。食用含镉米导致中毒需要长期积累，一般60千克体重的人每天摄入100克含镉米，连续50年才可能对健康构成危害。

我国的食品安全法中并没有食品安全事件的概念。2009年6月1日起施行的《中华人民共和国食品安全法》（以下简称2009版《食品安全法》）在第十章《附则》的第九十九条界定了食品安全事故的概念。修改并于2015年10月1日起施行的《中华人民共和国食品安全法》（以下简称2015版《食品安全法》）对食品安全事故的概念作了微调，由原来的“食品安全事故，指食物中毒、食源性疾病、食品污染等源于食品，对人体健康有危害或者可能有危害的事故”，修改为“食品安全事故，指食源性疾病、食品污染等源于食品，对人体健康有危害或者可能有危害的事故”。也就是2015版《食品安全法》删除

① 沈红，2011．食品安全的现状分析［J］．食品工业（5）：89-91．

② 吴林海，等，2015．中国食品安全风险治理体系与治理能力现代化考察报告［M］．北京：中国社会科学出版社．

了2009版条款中的“食物中毒”这四个字，而将“食品中毒”增加到了食源性疾病的概念中。2015版《食品安全法》中“食源性疾病”，指食品中致病因素进入人体引起的感染性、中毒性等疾病，包括食物中毒。

案例

德国家禽及牲畜中二噁英超标事件

2010年12月底，德国食品安全管理人员在一次定期抽检中检测出部分鸡蛋含有的致癌物质——二噁英超标。随后相关机构又对数千枚鸡蛋进行了检测，结果发现许多农场的鸡蛋二噁英超标。2011年1月3日，德国下萨克森州农业局发言人宣布在养鸡场和牲畜农场的饲料中发现二噁英物质超标。为遏制污染扩散，德国于2013年1月7日暂停4700多家农场生产的禽肉、猪肉和鸡蛋的销售。当年1月8日，德国食品、农业与消费者保护部通报，食品监管人员在部分家禽体内检测发现二噁英含量超标，而且受到二噁英污染的鸡蛋已流入英国和荷兰，有可能已被加工为蛋黄酱、蛋糕等产品。随后德国的禽蛋二噁英污染事件进一步蔓延，2013年1月18日，食品安全监管人员又在一家养猪场检测发现猪肉二噁英含量超标，而在2013年1月19日发现德国市场已有受二噁英感染的猪肉上市销售。

资料来源：吴林海，钱和，等，2012．中国食品安全发展报告(2012) [M]．北京：北京大学出版社．

1.1.3 食品安全风险与事件间的传导机制

食品供应链体系中的各个环节都可能不同程度地存在着危害食品安全的潜在或现实的因素，这些因素沿着供应链体系运动并以直接或间接传导的方式产生食品安全风险。食品安全风险不断累积、相互交叉与叠加达到或超过一定程度就有可能产生食品安全事件并危及人体健康（图1-1）。所谓间接传导机理是指食品供应链体系中的生物性、化学性、物理性和人源性危害因素通过某一媒介引发的具有隐蔽性和滞后性的食品安全风险或食品安全事件的作用机制。所谓直接传导

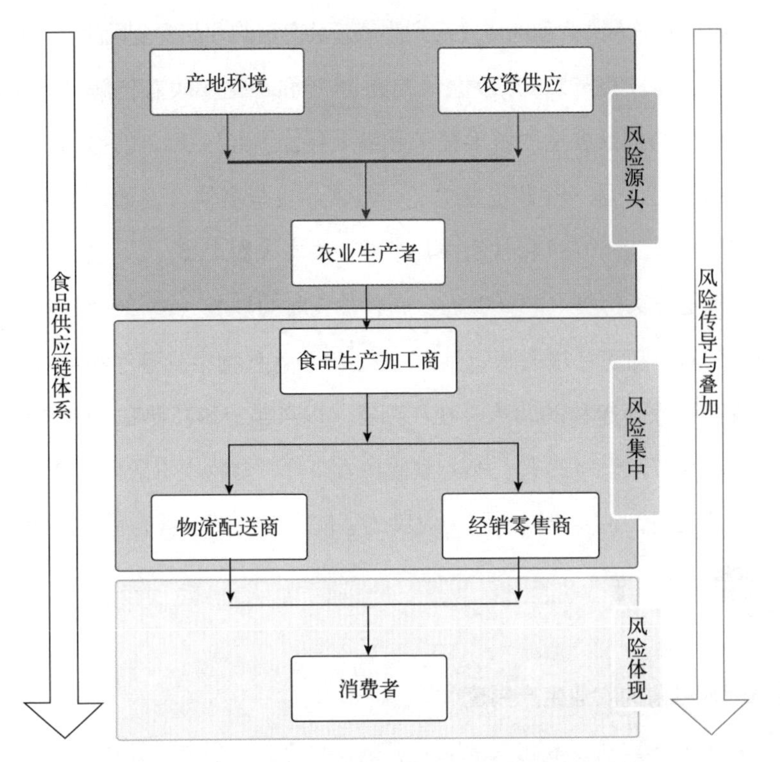

图1-1　食品安全风险因素叠加演化为事件的传导模式

机理是指食品供应链体系中的生物性、化学性、物理性和人源性危害因素直接引发安全风险甚至直接导致食品安全事件的作用机制。物理性、化学性、生物性等因素以直接或间接传导的方式产生食品安全风险，但食品生产经营者不当与违规违法行为可能更为直接地产生食品安全风险，危害也更大且影响更为恶劣。目前我国食品安全风险与重大食品安全事件大多数属于直接传导。2008年5月暴发的“三鹿奶粉”事件就是最为典型的人源性危害因素导致的食品安全事件。

1.1.4 食品安全风险及在中国的演化

食品安全风险治理是世界性难题。一个国家或地区的食品安全风险与不同历史时期的经济社会发展水平、生态环境、社会风气等高度相关。新中国成立以来，我国的食品安全风险具有不断动态演化的基本特征。

1.1.4.1 中华人民共和国成立后到改革开放之前的食品安全风险　1949年新中国成立到1978年改革开放之前的近30年间，党和政府把解决人民群众的温饱问题作为食品安全的首要任务和最大目标。经过30年的努力，实现了温饱和自给自足。这一时期也发生了一些食品安全事件。例如，上海徐汇区20世纪60年代发生了107起食物中毒事件，中毒人数4 237人。食物中毒的主要原因分别是交叉污染（48.60%）、食物放置时间过长（23.36%）和食物变质（14.95%）。随着环境改善，到20世纪70年代食物中毒事件和中毒人数则分别大幅下降到71起和2058人。在江苏省，1974年、1975年和1976年的三年间，分别发生177起、133起、96起食物中毒事件，食物中毒致死率为0.17%，其中89%是农民，主要原因是因为农民为了解决温饱而误食有毒动植物[①]。总

改革开放以前的农业生产制度

改革开放以前，我国农业生产强调以粮为纲，实行“三级所有，队为基础”的生产模式，大部分劳动力集中在有限的耕地上，出工一条龙，收工一阵风，分配上搞大锅饭，干好干坏一个样，农村富余劳动力不能发挥作用，自然资源得不到充分利用，造成了农村经济的长期徘徊，大部分农民的温饱问题尚未得到解决。农村改革始于安徽省凤阳县小岗村。1978年的一个冬夜，安徽省凤阳县小岗村18名农民冒着坐牢的危险，按下手印搞起“包产到户”。从此，中国农村开始了由人民公社到家庭联产承包责任制的历史性变革，揭开了中国改革开放的序幕。

① 吴林海，钱和，等，2012. 中国食品安全发展报告（2012）[M]. 北京：北京大学出版社.

体而言，从新中国成立后到改革开放之前这一时期的食品安全风险主要由非市场竞争性因素所导致，也不是因为食品生产经营企业出于利益冲动的偷工减料、违规掺假，而是受当时生产、经营、消费、技术等客观环境限制。

1.1.4.2 20世纪80年代的食品安全风险　随着国家经济政策的调整与改革，20世纪80年代我国食品工业迅速发展，在1979—1984年食品工业总产值年均递增9.3%。到1987年，我国食品工业总产值已达到1 134亿元，是1978年的4倍，产业规模在整个国民经济中已位居第三位。但当时由于人民群众刚刚解决温饱问题，食品安全意识还比较淡薄，故20世纪80年代中国的食品安全风险更多的是表现在食品安全卫生问题，尤其是食物中毒上。在20世

案例

1988年上海食用毛蚶引发的甲型肝炎流行

1988年上海市甲型肝炎流行，当年的1月至2月中旬发病形成高峰，3月病情得以控制。整个病毒流行波持续了30天，涉及30万人，死亡11例。上海发生的甲型肝炎流行并非是由甲肝病毒变异所致，而主要是由居民食用毛蚶造成的。上海市卫生局组织的临床调查显示，85%的甲肝病人在病发前曾食用过毛蚶。这是新中国成立以来史无前例的一次大规模的食品安全事故。

资料来源：王英群，赵艳伟，尹卫东，2004. 1988年上海市甲型肝炎大流行与2003年SARS疫情的比较和启示 [J]. 中华流行病学杂志（1）：27-29.

纪整个80年代，随着改革开放的深入，大量个体经济和私营经济进入食品加工行业与餐饮行业，食品生产经营渠道日益多元化和复杂化，食品污染的因素和机会随之增多，出现了食物中毒事件数量不断上升的状况。广州市1982年发生食物中毒事件52起，中毒人数1 097人。浙江省1982年食物中毒事件为273起，中毒人数3 946人，病死率0.71%（这一年该省的食品中毒事件数量超过了2015年全国169起的总数，中毒人数达到2015年全国总数的66.59%）。这一时期食品卫生问题非常突出，主要是急性食物中毒不断发生，经食品传染的消化道疾病发病情况较多，有些问题甚至严重威胁人民健康和生命安全。最为典型的就是1988年上海因食用“带菌”毛蚶引起的甲肝大暴发①。

1.1.4.3 20世纪90年代的食品安全风险　进入20世纪90年代后，随着国民经济的迅猛发展和人民生活水平的不断提高，食品产业得到空前地发展壮大，食品供给格局发生了根本性变化，品种丰富，数量充足，供给有余。但在食品数量需求得到满足的同时，食品质量安全却出现了各种问题。

问答

问：什么是人源性风险?

答：生物性、化学性和物理性是产生食品安全风险主要的直接因素，这些因素均是食品安全风险产生的自然性因素，在某种意义上这些因素难以完全杜绝。除生物性、化学性和物理性外，还存在由于人的行为不当、制度性等因素，包括生产者因素、信息不对称性因素、利益性因素和政府规制性因素等也可能引发食品安全风险。生产经营主体不当行为、不执行或不严格执行已有的食品技术规范与标准体系等违规违法行为、制度性等因素导致的食品安全风险一般可以称之为人源性因素或人为性因素。

资料来源：吴林海，钱和，等，2012．中国食品安全发展报告(2012)［M］．北京：北京大学出版社．

① 吴林海，钱和，等，2012．中国食品安全发展报告（2012）［M］．北京：北京大学出版社．

一方面环境恶化导致农产品受到污染；另一方面市场经济的劣根性泛化，人们的欲望在社会快速转型的特殊时期空前膨胀，从而导致诚信缺失、责任意识淡薄，食品市场竞争呈现无序混乱状态，人为造假、掺假等食品安全违法犯罪行为开始出现。而且随着各种新的化学投入品在农业生产中的广泛使用，潜在的新风险、新问题悄然滋生。与此同时，政府监管方式方法的滞后也加剧了人源性食品安全风险。这一时期食品安全开始出现了市场风险，即市场经济竞争而引发的人为的食品安全风险，但并不是食品安全风险的主导性因素。其产生的主要根源是，食品生产经营主体在数量上呈现出大规模增长的趋势，在生产规模、所有制结构、技术手段、经营规模等方面也日益复杂，大量新出现的食品生产经营主体以追求商业利润作为最重要的目标，从而忽视了食品安全问题。

案例

（一）安徽阜阳劣质奶粉事件

阜阳劣质奶粉事件是指自2003年以来，发生在我国的制造、销售劣质奶粉和一系列因为食用劣质奶粉导致婴幼儿致病、致死相关事件的总称。劣质奶粉危害对象为以哺食奶粉为主的新生婴幼儿，主要危害是由于蛋白质摄入不足，导致营养不足，症状表现“头大、嘴小、浮肿、低烧”，由于以没有营养的劣质奶粉作为主食，出现造血功能障碍、内脏功能衰竭、免疫力低下等情况，还有的表现为脸肿大、腿很细、屁股红肿、皮肤溃烂和其他的幼儿严重发育不良特征；由于症状最明显的特征表现为婴儿“头大”，因此又称为“大头娃”。根据2004年4月27日新华网发布的国务院调查组对阜阳地区的调查结果，阜阳2003年5月1日以后出生、以奶粉喂养为主的婴儿中没有严重营养不良的婴儿，共有轻度、中度营养不良婴儿189例；随着“劣质奶粉”问题的曝光和深挖，全国各地因为劣质奶粉问题导致严重致病、夭折的个案不断涌现。

资料来源：吴林海，钱和，等，2012．中国食品安全发展报告(2012)［M］．北京：北京大学出版社．

1.1.4.4 进入新世纪后的食品安全风险　食品安全风险在全球各国普遍存在，食品安全在任何国家都不可能实现零风险，只不过是食品安全事件的起因、性质与表现方式和数量不同而已。然而，进入新世纪后，随着食品安全风险因素日趋多元化，食品安全事件数量日益增多，人源性因素成为诱发我国食品安全事件的主导因素。此期间发生的安徽阜阳劣质奶粉事件与"三鹿奶粉"事件最具有典型性。2004年4月，安徽阜阳发生性质十分恶劣的劣质奶粉事件，所暴露的食品生产经营者道德沦陷、政府监管缺失等问题触目惊心。而2008年5月暴发的"三鹿奶粉"事件更是新中国成立以来影响最大、涉及面最广、性质最为恶劣的食品安全事件。总体而言，进入新世纪后我国的食品安全事件虽然也有技术不足、环境污染等方面的原因，但更多的是生产经营主体等人源性因素造成的。以人源性因素为主是我国现阶段区别于发达国家（地区）食品安全风险与事件的主要特征。

案例

（二）不同课题组对食品安全事件数量的研究

中国农业大学课题组所收集的"2002—2012年中国食品安全事件集"的研究表明，2002年1月1日至2012年12月31日发生了4 302起食品安全事件，其中超市359起。

厉曙光等通过收集纸媒、各大门户网络、新闻网站及政府舆情专报进行的研究表明，2004年至2012年间发生了2 489起食品安全事件。

王常伟等利用"掷出窗外网站"（http：//www.zccw.info）食品安全事件数据库的研究发现，2004年至2012年发生了2 173起食品安全事件。

文晓巍等基于随机选取国家食品安全信息中心、中国食品安全资源信息库、医源世界网的"安全快报"等权威报道的研究表明，2002年1月至2011年12月共发生了1 001起食品安全事件。

资料来源：吴林海，徐玲玲，尹世久，等，2015. 中国食品安全发展报告（2015）[M]. 北京：北京大学出版社.

1.2 我国食品安全风险与事件的主要成因

进一步分析，现阶段我国的食品安全风险与事件发生主要有如下三个特有的原因。

1.2.1 长期以来工业化发展进程中多种矛盾的累积

长期以来，工业化战略始终是我国经济发展的重要战略之一。由于对客观规律认识不足，经济发展指导思想上的偏差，快速的工业化发展对农业生产环境造成了破坏，甚至有些是难以逆转的历史性破坏。比如，沿江河流域工矿企业的“三废“排放，污染水体和耕地，通过大气沉降和水源扩散导致区域农产品产地环境的镉污染，而水稻是对镉吸收最强的大宗谷类作物之一，从而产生“镉大米”。早在2002年，农业部稻米及制品质量监督检验测试中心曾对全国市场的稻米进行安全性抽检，发现稻米中镉的超标率为10.3%。2007年南京农业大学农业资源与生态环境研究所专门检测了从全国六大区（华东、东北、华中、西南、华南和华北）县级以上市场随机采购的100多个大米样品，发现10%的大米样品镉超标①。与此同时，工业化产生的大气污染导致酸雨增加和土壤酸化。在酸性增强的条件下，土壤中镉等重金属活性也随之增强，更易被水稻等作物吸收。另外，农用化学投入品过量使用，尤其是磷肥被广泛用于农业生产，每千克磷肥中镉的含量从几毫克到几百毫克不等。由于长期累积，土壤多种污染叠加形成的风险已日益凸显。虽然国家对“镉大米”的治理工作已启动10多年，但由于污染治理的长期性和复杂性，短期内耕地土壤重金属污染难以有较大的改观。

① 吴林海，钱和，等，2012．中国食品安全发展报告（2012）［M］．北京：北京大学出版社．

数说

土壤污染状况

2014年4月17日，环境保护部和国土资源部发布的《全国土壤污染状况调查公报》显示，2005年4月到2013年12月，耕地土壤点位超标率达19.4%，农业生产等人为活动是造成土壤污染或超标的主要原因之一。该公报同时显示，全国土壤总的超标率为16.1%，其中轻微、轻度、中度和重度污染点位超标比例分别为11.2%、2.3%、1.5%和1.1%。污染类型以无机污染物为主，其中，无机污染物又以镉、镍、砷、铜、汞、铅、铬、锌等重金属为主要污染物（如下图所示），导致无机污染物超标点位数占全部超标点位数的82.8%。可以看出，镉是最主要的重金属污染物。

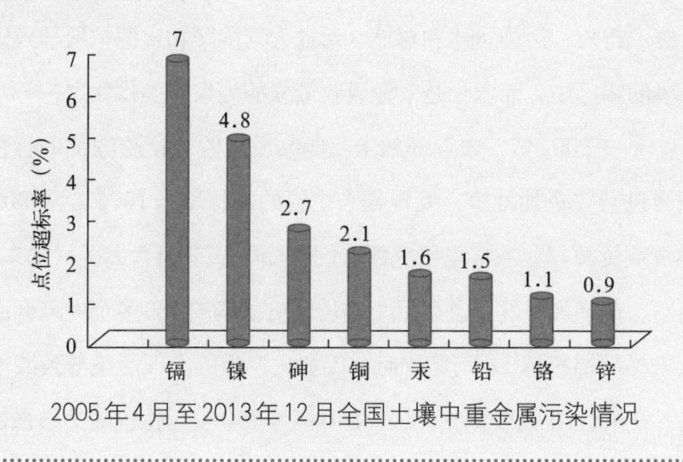

2005年4月至2013年12月全国土壤中重金属污染情况

1.2.2 长期以来农业生产过程中多种问题的累积

习近平总书记精辟地分析了长期以来我国农业生产过程中出现的问题，在2013年12月召开的中央农村工作会议上指出，长期以来，为了提高产量、增加供给，很多地方大量使用化肥、农药、塑料薄膜，这虽然保证了农业发展，但也造成了日益严重的农业面源污染，加上工业和生活各种排污，给生产食品的环境造成了一定程度的破坏。农业生产环境主要包括土壤、农业用水及大气质量等。农业生产环境污染导致的农产品安全风险不仅仅来源于农业生产环境污染的直接传导，而且通过间接传导机制对农产品安全风险产生更具持久性、隐蔽性和滞后性等特点的复杂影响。改革开放之前，以粮为纲是农业生产的出发点与落脚点，为确保粮食生产，不惜一切代价使用化学投入品。改革开放后，化肥、农药、农膜等农业化学投入品仍然高强度施用。以农药为例，来自于《中国统计年鉴》等数据显示（图1-2），1995年我国农药使用量突破了100万吨，达到了108.70万吨；2006年农药使用量超过150万吨，达到153.71万吨，2012年则达到了180.61万吨的历史高峰。与1995年相比，2012年的农药使用量增长了71.91万吨，是1995年的1.66倍。早在20世纪90年代的相关研究就认为中国东部地区水稻的农药投入量是菲律宾的两倍。化学投入品在土壤中形成的残留往往在短时期内难以溶解与挥发，故现在类似于农产品中农药残留超标等问题虽然也有现实的因素，但也可能是长期以来农业生产过程中产生累积的结果。

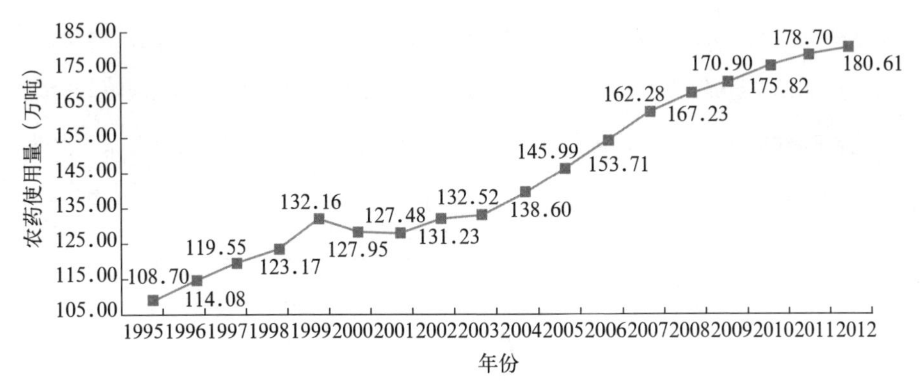

图1-2　1995—2012年全国农药使用量

（资料来源：国家统计局，2013．中国统计年鉴2013［M］．北京：中国统计出版社.）

声音

朱淀（苏州大学商学院副教授）：以江苏省苏南地区648个水稻种植农户为样本，利用损害控制模型（damage control model）的分析框架，探讨了农户农药施用的边际生产率。研究结果表明，当前苏南水稻种植农户农药施用的边际生产率为0，即农药已经过度投入，只有减少农药的投入才能增加农业纯收入。因此，鼓励农户减少农药投入不仅可以降低食品与环境中农药残留，而且更大的意义在于可以提高农户的纯收入。

资料来源：朱淀，孔霞，顾建平，2014.农户过量施用农药的非理性均衡：来自中国苏南地区农户的证据 [J]. 中国农村经济 (8)：17–29.

1.2.3 与所处的经济社会发展阶段密切相关

分散化、小规模的农产品与食品生产经营方式与风险治理之间的矛盾是引发我国食品安全风险最具根本性的问题。改革开放以来，家庭是我国的基本农业生产单位。由于特殊的国情，市场经济的发展并没有彻底改变我国分散化、小规模为主体的农产品生产经营方式的基本格局。虽然农业企业、农业专业合作组织、家庭农场发展较为迅速，但分散化、小规模仍然是我国农产品生产经营基本单元，这一基本特征并没有发生根本性改变，我们也很难有效解决一家一户如在农药施用过程中出现的“乱打药”等问题。农业生产不规范的行为必然影响食用农产品的质量安全（图1-3）。与此同时，在全国上千万家食品生

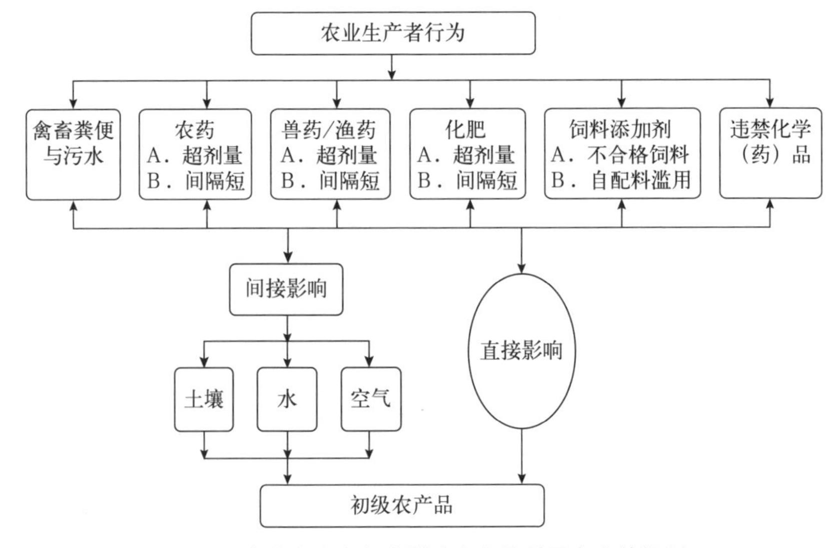

图1-3　农业生产者行为影响农产品质量安全的机制

产经营企业中，80%为10人以下的小企业，还有不计其数的小作坊、小摊贩，食品标准化生产程度不高。“点多、面广、量大”的食品生产经营的现实国情决定了我国食品安全风险治理的长期性、复杂性、艰巨性。

1.3 总书记对食品安全问题的定位

习近平同志在地方工作期间就十分关注农产品与食品安全，就任中共中央总书记以来他更加关注食品安全问题，并以“既是重大的民生问题，也是重大的政治问题”来定位食品安全问题，将食品安全问题上升到了前所未有的新高度，体现了大国领袖的人民情怀。

1.3.1 在福建治理餐桌污染

早在2001年2月，时任福建省省长的习近平同志在记者撰写的外省食品污染的文章上批示：“餐桌污染”问题关系到人民群众的身体健康和生命安全，关系到我省食用农产品的市场占有率，关系到农民的增产增收，要下大力气进行治理。其后，一场令福建全省人民关注的治理餐桌污染的战斗声势浩大地在全省打响：由省委、省政府统一组织，担任省长的习近平亲自挂帅，并指定由常务副省长负责、两位副省长配合，建立了协调领导机构，由省直21个部门组成联席会议，全省23个市也相应成立了组织机构，全面实行市长负责制和部门责任制，有计划、有重点、有步骤地开展餐桌污染整治。同年4月，治理餐桌污染正式列入福建全省整规专项内容；9月又列入为民办实事项目。福建成为全国第一个在全省范围内开展这一行动的省份。

2001年，福建率先走出的治理餐桌污染之路，改变了以往更注重食品数量而不是食品质量的情况，改变了以往更注重经济发展而忽略民生诉求的执政理念，改变了以往分散的、单一的、粗放式的传统管理方式，实行集中的、全面的、精细化的现代治理模式。这充分体现了习近平高度的历史担当和使命追求，展示了习近平超前的治国理念与历史发展的高度契合，显示了习近平创造性地解决食品安全这一重大民生问题的巨大智慧和非凡勇气，显示了习近平顺势而为、谋势而动、乘势而上的政治魄力和政治抱负。

1.3.2 就任总书记以来对食品安全问题的关注

就任中共中央总书记以来，习近平持续关注食品安全问题。党的十八届二中、三中、四中、五中全会都对食品安全工作作出安排，至少有五次在公开场合严肃地指出对食品安全必须坚持"四个最严"的要求，多次亲自考察食品生产经营企业与食品市场等。

1.3.3 食品安全问题的定位

"民者，国之根也，诚宜重其食，爱其命。"面对人民群众对美好生活的愿景，对食品安全的呼声，在就任中共中央总书记不满400天之际，习近平在2013年12月23日召开的中央农村工作会议上动情地指出：毒奶粉、地沟油、假羊肉、镉大米、毒生姜、染色脐橙等事件，都引起了群众愤慨。"三鹿奶粉"事件的负面影响至今还没有消除，老百姓还是谈国产奶粉色变，出国出境四处采购婴幼儿奶粉，弄得一些地方对中国人限购。想到这些事，我心情就很沉重。"我心情就很沉重"充分体现了习近平总书记大国领袖的人民情怀。习近平用"两大问题"来定性食品安全的重要性，他指出，食品安全既是重大的民生问题，也是重大的政治问题。他强调：食品安全关系中华民族未来，能不能在食品安全上给老百姓一个满意的交代，是对我们执政能力的考验。老百姓能不能吃得安全，能不能吃得安心，已经直接关系到对执政党的信任问题，对国家的信任问题。

链接

习近平总书记实地考察食品安全的五个片段

1. 在庆丰包子铺买包子吃　民之所忧，他之所思。当地沟油等食品安全问题引起百姓忧虑和不安时，习近平总书记决定选择人们平时吃得较多的食品亲自尝一尝，他希望全党全社会都重视食品安全。2013年12月28日，习近平在庆丰包子铺买包子吃，同时询问店铺经理："食品原料是从哪里进来的？安全有没有保障？"经理用手机向习近平展示了一组庆丰包子在顺义原料加工厂的照片，表明店里的原料从田间到餐桌都是安全有保障的。看到照片后，习近平说道："食品安全是最重要的，群众要吃得放心，这是我最关心的。"

2. 叮嘱生产企业高度重视食品安全　食品安全问题是习近平始终关注的热点，他在考察、开会，甚至是吃饭间隙，都不忘询问食品安全事宜，叮嘱要把食品安全放在第一位。2014年1月28日，习近平在内蒙古自治区考察期间，到伊利集团液态奶生产基地，视察了企业的生产线，向企业负责人询问生产经营、节日供应情况，叮嘱他们要高度重视食品安全问题。

3. 关心"地沟油"的去向　2014年2月25日，习近平视察北京时，询问北京市政管委负责人："地沟油哪去了？"负责人回答，北京各区都建了废弃油脂处理厂，年回收废弃油脂10万吨，还有70万吨通过市场化渠道处理。习近平追问："没有去搞麻辣烫吧？"负责人说，在这方面已经加强了管理和监控措施，并且越来越严。

4. 关心快速检测仪等设备　2014年11月1日在福建考察期间，习近平来到他在闽工作时就关心过的福建新大陆科技集团。习近平询问了可检测、追溯食品安全的快速检测仪、手机支付系统性能等，并关切地问："农贸市场都有了吗？"

5. 关心食品保质期　2015年6月17日，习近平乘车从遵义前往贵阳考察。在久长服务区的一家小超市，习近平在食品区拿起一包沙琪玛，询问服务员保质期。服务员看了生产日期后说是2015年2月生产的，保质期有10个月。超市外有两处食品摊，习近平又走过去，指着米黄粑、鸭脖子，认真地了解有关情况。

案例

"三鹿奶粉"事件回顾

"三鹿奶粉"事件的起因是很多食用石家庄三鹿集团生产的奶粉的婴儿被发现患有肾结石，随后在其奶粉中被发现化工原料三聚氰胺。根据公布数字，截至2008年9月21日，因使用婴幼儿奶粉而接受门诊治疗咨询且已康复的婴幼儿累计39 965人，正在住院的有12 892人，此前已治愈出院1 579人，死亡4人。事件引起各国的高度关注和对乳制品安全的担忧。"三鹿奶粉"事件不仅重创了中国乳制品产业的信誉，导致多个国家禁止从中国进口乳制品，而且直接导致了国内消费者对食品安全尤其是乳制品安全的信心大减。2011年中央电视台《每周质量报告》栏目调查发现，该事件发生三年后仍有七成中国民众不敢买国产奶。

资料来源：吴林海，吕煜昕，洪巍，等，2015. 中国食品安全网络舆情的发展趋势及基本特征 [J]. 华南农业大学学报（社会科学版）(4)：130-139.

1.4 总书记关于食品安全的"四个最严"

长期以来，习近平同志在体验群众疾苦中萌生人民情怀，在地方治理实践中增进人民情怀，在革命家风传承中升华人民情怀，在担当崇高使命中彰显人民情怀。习近平的人民情怀，饱满深厚，隽永悠长，是为民、忧民、亲民、敬民、惠民情怀的集大成。正是以人民为中心的情怀，为了人民的利益，习近平总书记科学果断地提出了关于食品安全的"四个最严"，以巨大的实践勇气开辟了新时代从田间到餐桌食品安全风险全程治理的新征程。

1.4.1 "四个最严"的提出

2013年12月23日召开的中央农村工作会议上，习近平总书记第一次提出：

“用最严谨的标准、最严格的监管、最严厉的处罚、最严肃的问责，确保广大人民群众‘舌尖上的安全’。”2015年5月29日，习近平总书记在十八届中央政治局第二十三次集体学习时再次重申：“要切实加强食品药品安全监管，用最严谨的标准、最严格的监管、最严厉的处罚、最严肃的问责，加快建立科学完善的食品药品安全治理体系。”2016年1月28日，习近平总书记进一步对食品安全作出重要指示：“落实‘四个最严’的要求，切实保障人民群众‘舌尖上的安全’。”2016年12月21日，习近平总书记在十八届中央财经领导小组第十四次会议上将“四个最严”与各级党委和政府的工作以及重大政治任务联系起来：要严字当头，严谨标准、严格监管、严厉处罚、严肃问责，各级党委和政府要作为一项重大政治任务来抓。2017年1月3日，习近平总书记又重申：各级党委和政府及有关部门要全面做好食品安全工作，坚持最严谨的标准、最严格的监管、最严厉的处罚、最严肃的问责，增强食品安全监管统一性和专业性，切实提高食品安全监管水平和能力。统而观之，党的十八大以来习近平总书记关于从田间到餐桌的农产品与食品安全风险治理的多次讲话中，至少有五次在公开场合严肃地指出“四个最严”，且一次比一次明确，一次比一次坚定。

1.4.2 “四个最严”的科学内涵

习近平总书记提出的“四个最严”既是重拳出击、重典治乱，保持严惩食品安全违法犯罪行为高压态势的良方，反映了全社会的呼声，体现了党和国家把食品安全风险治理放在更加突出位置的决心，又是对食品安全风险治理国际经验的科学总结，具有丰富的科学内涵。

1.4.2.1 最严谨的标准：科学揭示了风险治理的本质特征　　一般而言，食品供应链（food supply chain）是指从食品的初级食品生产经营者到消费者各环节的经济利益主体（包括前端的生产资料供应者和后端的作为规制制定者的政府）所组成的整体。政府、生产经营者、消费者是食品供应链体系中的三个最基本的主体，生产加工（包括农产品种植养殖）、物流配送与销售（包括批发与零售、实体与网络等多种销售形态)、消费是完整的食品供应链体系的三个最基本的环节。随着科学技术的不断发展，社会认知水平的不断提高，人们在长期的实践中，科学地总结并形成了农产品的种植养殖、食品生产加工、物流配送与销售等一系列从农田到餐桌的技术、卫生、管理等安全标准，并上升到法律法规的层面，成为必须共同遵守的基本规范。因此，习近平总书记提出的"最严谨的标准"深刻揭示了食品安全风险治理的本质特征与内在规律，充分体现了科学的态度、技术的力量，成为保障食品安全的逻辑起点与科学之道。

1.4.2.2 最严格的监管：科学把握了风险治理的内在要求　世界上没有零风险的食品。由于自然特性、技术因素、管理问题等多种复杂且难以完全杜绝的原因，食品供应链体系中任何一个环节均面临着不同的安全风险。比如，土壤是农产品生产最基本的资源，但是土壤非常容易受到重金属等污染，而且有些重金属在土壤中的残留难以在短时期内分解，非常容易对农产品造成安全隐患。类似的自然因素是不以人们的意志为转移的。同时，作为理性人的生产经营者出于自身经济利益的考虑，在食品生产经营过程中往往有可能采取不当行为，由此引发食品安全风险，产生食品安全事件。在任何一个国度中、一个体制内，对任何一个食品生产经营者而言，其食品安全生产经营的责任意识不可能完全自发，受多种因素的影响也可能难以长期坚守。习近平总书记以"最严格的监管"科学总结了国际经验与国内实践，揭示了食品安全风险治理的内在要求，这就是必须依靠法律法规，基于技术标准等，形成政府、市场、社会共同参与的严密的监管体系。"最严格的监管"开辟了治理我国食品安全风险的根本之道。

1.4.2.3 最严厉的处罚：科学指明了风险治理的现实路径　食品从原材料的种植养殖、生产加工、销售到最终消费涉及多个主体，确保食品安全需要食品供应链体系中所有主体有效坚守与充分地履行自己的责任。对任何一个食品生产经营者而言，其理性均是有限的。出于成本与收益的考虑，如果有外在的且能够获得预期利益的诱惑，其生产经营行为就完全有可能选择具有更高收益的方式，并由此打碎食品安全社会秩序的“第一块玻璃”。实践证明，大量无序的食品生产经营不当行为或犯罪行为对供应链体系中所有主体具有强烈的暗示性、示范性。在一个或多个食品生产经营者打破“第一块玻璃”后，如果不加以干预而任其自然蔓延，众多的生产经营者将迅速模仿，不断升级，由此迅速形成食品生产经营的无序状态，极大地增加食品安全风险。正是由于对食品生产经营中的不当行为甚至犯罪行为处罚不严，导致了现阶段我国食品安全事件大多数是由人为因素形成的严峻局面，严重影响了党和政府在人民群众中的威望。对此，习近平总书记指出“老百姓能不能吃得安全，能不能吃得安心，已经直接关系到对执政党的信任问题，对国家的信任问题”。由此可见，建立在中国食品安全风险治理实践基础之上的“最严厉的处罚”，是习近平总书记为破解新时代中国食品安全风险治理难题所指明的现实路径。

1.4.2.4 最严肃的问责：科学阐明了党和政府在风险治理中的责任担当

食品具有一般商品的特征，但又不是单纯的一般商品，由于事关人们的健康，食品安全是社会公共安全的重要组成部分。因此，食品又具有不同于一般商品的特殊性，食品安全属于社会准公共品，确保食品安全是政府的责任。从全球范围内来看，世界各国政府大多数将食品安全纳入政府公共治理的范畴，不同程度地建立了食品安全监管行政问责制。虽然2009版《食品安全法》确立了食品安全问责制，但是实际中食品安全问责程序不规范，问责对象模糊，偏重于同体问责，缺乏异体问责，局限于重大食品安全责任事故的事后责任追究、应急性问责，而非长效机制。总体而言，食品安全问责失之于偏，失之于宽，失之于软，成了摆设，难以落实到位，并由此诱发了一系列食品安全风险。江西高安病死猪流入市场长达二十多年竟未被发现，就是政府监管部门长期不作为、问责不到位的典型案例[①]。习近平总书记指出：“我们党在中国执

① 吴林海，等，2015. 中国食品安全风险治理体系与治理能力的考察报告［M］. 北京：中国社会科学出版社.

政，要是连个食品安全都做不好，还长期做不好的话，有人就会提出够不够格的问题。所以，食品安全问题必须引起高度关注，下最大气力抓好。”中国特色社会主义最本质的特征是中国共产党领导，中国特色社会主义制度的最大优势是中国共产党领导。习近平总书记的重要论述清楚地表明，食品安全风险治理在中国共产党治国理政中具有十分重要的地位，必须实行“最严肃的问责”。

1.4.3 “四个最严”的法治化

关于食品安全的“四个最严”是对国内外食品安全风险治理的科学总结，具有丰富的科学内涵，构成了完整科学体系，是新时代治理中国食品安全风险，提升风险治理能力的科学之道、现实路径，必须长期坚持。为此，在2015年10月1日起施行的被称为“史上最严”的2015版《食品安全法》中充分体现了习近平总书记“四个最严”的要求，通过立法的方式把“四个最严”转化为国家的意志、人民的意志，为我国食品安全风险治理提供了具体的、可操作的实践纲领，成为新时代“舌尖上”安全风险治理的法治准则。总体而言，“四个最严”全面地贯穿于现行的食品安全法之中，最主要体现在如下四个方面：

1.4.3.1 强化了民事赔偿责任与民事法律责任追究 2015版《食品安全法》强化了消费者权益的保护，增设了消费者赔偿首负责任制，要求食品生产经营者接到消费者的赔偿请求以后，应该实行首负责任制，先行赔付，不得推诿。在2009版《食品安全法》实行10倍价款惩罚性的赔偿基础上，2015版《食品安全法》增设了消费者可以要求支付损失3倍赔偿金的惩罚性赔偿金制度，并规定增加赔偿的金额不足1 000元的，为1 000元，完善了惩罚性的赔偿制度。在2009版《食品安全法》对集中交易市场的开办者规定了连带责任的基础上，2015版《食品安全法》对明知违法却为违法行为提供生产经营场所或者其他条件，网络交易第三方平台提供者未能履行法定义务，食品检验机构出具虚假检验报告，认证机构出具虚假的认证结论，使消费者合法权益受到损害的，也要求与生产经营者承担连带责任，强化了民事连带责任。2015版

《食品安全法》增加了条款，要求编造、散布虚假食品安全信息的媒体承担赔偿责任，强化了编造散布虚假食品安全信息的民事责任。

1.4.3.2 加大了行政处罚力度　在2009版《食品安全法》的基础上，2015版《食品安全法》对未经许可从事食品生产经营活动，在食品生产经营中的违法行为加大了处罚力度，特别是对在食品中添加有毒有害物质等性质恶劣的违法行为，规定直接吊销许可证，并处最高为货值金额30倍的罚款；对明知从事上述严重违法行为、仍为其提供生产场所或者向其销售违禁物质的主体，规定了最高20万元的罚款；对重复的违法行为增设了处罚的规定，要求食品药品监管部门对在一年内累计3次因违法受到罚款、警告等行政处罚的食品生产经营者给予责令停产停业直至吊销许可证的处罚；对因食品安全违法行为受到刑事处罚或者出具虚假检验报告受到开除处分的食品检验机构人员，规定终身禁止从事食品检验工作。

1.4.3.3 细化并加重了对失职的地方政府负责人和食品安全监管人员的处分　2009版《食品安全法》对于县级以上地方人民政府在食品安全监督管理中未履行职责的情形，规定可给予记大过、降级、撤职或者开除的处分，但并未明确哪些行为可被认定为未履行职责。2015版《食品安全法》依照规定的职责逐项设定相应的法律责任，细化处分规定，增设地方政府主要负责人应当引咎辞职的情形，并设置了监管“高压线”，对有瞒报、谎报、缓报重大食品安全事故等三种行为的，明文规定直接给予开除处分。

1.4.3.4 实现了与刑事责任的有机衔接　2015版《食品安全法》分别规定生产经营者、监管人员、检验人员等主体有违法行为构成犯罪的，依法追究刑事责任。同时2015版《食品安全法》还有两条规定：一是为强化对违法犯罪分子惩处的力度，对因食品安全犯罪被判处有期徒刑以上刑罚的，终身不得从事食品生产经营的管理工作；二是强化了行政法律责任的追究，对违法添加非食用物质、经营病死畜禽、违法使用剧毒、高毒农药等屡禁不止的严重违法行为，增加了行政拘留的处罚。

上篇

风险治理的制度创新

2 食品安全风险治理的“四梁八柱”

习近平总书记强调：“食品安全关系中华民族未来，能不能在食品安全上给老百姓一个满意的交代，是对我们执政能力的考验。”“我们党在中国执政，要是连个食品安全都做不好，还长期做不好的话，有人就会提出够不够格的问题。所以，食品安全问题必须引起高度关注，下最大气力抓好。”党的十八大以来，在新的治国理政伟大实践中，习近平总书记站在新时代的历史起点上，从加强党的长期执政能力与国家安全能力建设的高度，以巨大的理论勇气就食品安全风险治理提出了一系列重大战略思想和重大理论观点，作出了一系列的重大制度安排，创造性地形成了体系化的理论成果，明确了食品安全风险治理在我们党治国理政中的基本定位，基本完成了具有中国特色的食品安全风险治理的顶层设计，食品安全风险治理领域具有“四梁八柱”性质的改革主体框架已经基本确立，为新时代有效地解决人民日益增长的美好生活需要和食品安全供给不平衡不充分之间的矛盾奠定了最为关键的制度基础，为全面实施食品安全战略指明了方向，具有纲举目张的意义。

2.1 食品安全风险治理上升为国家重大战略

2015年10月召开的党的十八届五中全会，是在我国全面建成小康社会进入决胜阶段召开的一次重要会议。全会审议通过的《中共中央关于制定国民经济和社会发展第十三个五年规划的建议》深刻总结国内外发展经验，适应人民群众期待，明确提出"实施食品安全战略，形成严密高效、社会共治的食品安全治理体系，让人民群众吃得放心"。"食品安全战略"第一次正式进入中共中央全会的文件，这一具有里程碑意义的顶层设计，向世人表明，食品安全已上升为国家战略，由此开创了具有中国特色的食品安全风险治理的新境界。

链接

党的十八届五中全会

2015年10月26日至29日在北京召开的党的十八届五中全会，审议通过了《中共中央关于制定国民经济和社会发展第十三个五年规划的建议》(简称《建议》)。《建议》认为，我国发展仍处于可以大有作为的重要战略机遇期，也面临诸多矛盾叠加、风险隐患增多的严峻挑战。我们要准确把握战略机遇期内涵的深刻变化，更加有效地应对各种风险和挑战，继续集中力量把自己的事情办好，不断开拓发展新境界。《建议》指出"推进健康中国建设，深化医药卫生体制改革，理顺药品价格，实行医疗、医保、医药联动，建立覆盖城乡的基本医疗卫生制度和现代医院管理制度，实施食品安全战略。促进人口均衡发展，坚持计划生育的基本国策，完善人口发展战略，全面实施一对夫妇可生育两个孩子政策，积极开展应对人口老龄化行动"。"食品安全战略"第一次正式进入中共中央全会的文件，向世人表明，食品安全已上升为国家战略。

2.1.1 食品安全战略的时代背景

作为一个饮食文化源远流长的国家，很久以前，我国就有“民以食为天”的认知，具有“食不厌精、脍不厌细”的追求。可是不曾想到，在21世纪的头十年，人们却仍要为食品安全问题操心劳神。我们不得不承认，在磅礴的工业化和城市化进程中，在历史的累积和现实的困境之下，时至今日，食品安全成为当下中国最重要的社会问题之一，成为损伤公众幸福感的重要因素，甚至在一定程度上成为某些人质疑党和政府治理能力的缘由和论据。虽然党和政府历来重视食品安全风险治理，而且我国食品安全风险治理也取得了巨大的成效，但由于非常复杂的原因食品安全形势依然严峻。面包是民生，面包更是政治。能不能在食品安全上给老百姓一个满意的交代，是对我们党执政能力的重大考验。“食品安全既是重大的民生问题，也是重大的政治问题”。食品安全问题早已超出了单纯的技术层面，必须从政治、经济、社会大局的高度来寻求破解之道；要实现食品安全的长治久安，也必须从更高的层面、更长远的时间跨度、更广阔的空间范围来思考。以习近平总书记为核心的党中央统揽全局，坚定不移地将食品安全问题提升到国家战略的高度来规划部署，纳入了中国特色社会主义事业“五位一体”的总体布局和“四个全面”的战略布局之中，正是基于食品安全风险治理在我们党治国理政中的基本定位这一大逻辑，并由此科学、全面地展开具有基础性、前瞻性、全局性意义的“四梁八柱”性质的一系列制度设计与改革。

2.1.2 食品安全战略纳入总体布局

党中央全会在党的历史上均具有重要的标识意义，这固然缘由党章所赋予的地位，同时又因为其所作出决定的内容具有战略性质。党中央始终高度重视“舌尖上”的安全，党的十八届二中、三中、四中、五中全会都对食品安全工作作出部署、提出要求。

2013年2月召开的党的十八届二中全会通过了《国务院机构改革和职能转变方案》。2013年3月，第十二届全国人民代表大会第一次会议通过了《国务院机构改革和职能转变方案》，开启了新一轮食品安全监管体制改革，食品安全监管体制改革由此成为党的十八大后实施的具有全局意义的重大改革。

2013年11月召开的党的十八届三中全会通过了《中共中央关于全面深化改革若干重大问题的决定》，提出了全面深化改革，推进国家治理体系和治理能力现代化的总体要求。在这次全会上，中央把作为“重大的民生问题”和“重大的政治问题”的食品安全纳入了国家公共安全体系，并提出了食品安全体制机制的改革任务，要求完善统一权威的食品药品安全监管机构，建立最严格的覆盖全过程的监管制度，建立食品原产地可追溯制度和质量标识制度，保障食品安全。同时要求“减少行政执法层级，加强食品药品、安全生产、环境保护、劳动保障、海域海岛等重点领域基层执法力量。理顺城管执法体制，提高执法和服务水平”。

2014年10月召开了党的十八届四中全会，全会通过的《中共中央关于全面推进依法治国若干重大问题的决定》在三个地方对食品安全问题提出了非常

链接

习近平考察伊利集团叮嘱要高度重视食品安全问题

伊利集团是我国著名的奶业集团，拥有液态奶、冷饮、奶粉、酸奶、原奶五大事业部，下属企业近百个，2013年跃至全球乳业12强。液态奶生产基地有从德国等引进的18条先进液态奶灌装线，实现了液态奶生产全部流程自动化，日处理鲜奶能力达2 000吨。习近平总书记对食品生产经营主体履行责任主体的情况十分关心。

2014年1月28日上午习近平来到伊利集团液态奶生产基地，详细考察了集团的食品安全状况。在化验室，习近平了解企业产品检测情况，听说原奶从进厂到出厂要检测数百项指标，他对此表示肯定。他还察看了企业的生产线，边走边向企业负责人询问生产经营、节日供应情况，叮嘱他们要高度重视食品安全问题。

明确的要求：一是要求“依法加强和规范公共服务，完善教育、就业、收入分配、社会保障、医疗卫生、食品安全、扶贫、慈善、社会救助和妇女儿童、老年人、残疾人合法权益保护等方面的法律法规”；二是要求“推进综合执法，大幅减少市县两级政府执法队伍种类，重点在食品药品安全、工商质检、公共卫生、安全生产、文化旅游、资源环境、农林水利、交通运输、城乡建设、海洋渔业等领域内推行综合执法，有条件的领域可以推行跨部门综合执法”；三是要求“依法严厉打击暴力恐怖、涉黑犯罪、邪教和黄赌毒等违法犯罪活动，绝不允许其形成气候。依法强化危害食品药品安全、影响安全生产、损害生态环境、破坏网络安全等重点问题治理”。

2015年10月召开的党的十八届五中全会在中国食品安全风险治理史上具有极其重要的里程碑意义。全会在党和国家的历史上第一次鲜明地提出了建设“健康中国”、实施“食品安全战略”的重大决策，将建设“健康中国”与实施“食品安全战略”融为一体，实现了“食品安全战略”和“健康中国”建设在保障人民群众饮食用药安全上的高度统一。会议通过的《中共中央关于制定国民经济和社会发展第十三个五年规划的建议》，明确提出“实施食品安全战略，形成严密高效、社会共治的食品安全治理体系，让人民群众吃得放心”。这三句话是有机统一的整体，明确了食品安全战略的定位、路径和目标。“实施食品安全战略”，就是把食品安全上升到国家高度；“形成严密高效、社会共治的食品安全治理体系”是指路径，严密高效指的是监管，社会共治指的是市场机制和社会参与；“让人民群众吃得放心”，则提出了实施“食品安全战略”的总目标，如何评判食品安全，战略有没有成功，到底目标是什么，落脚点和出发点是让人民吃得放心，体现了以人民为中心的思想。

习近平总书记为核心的党中央对食品安全问题的一系列重大决策，顺应人民对美好生活的追求，迅速由全国人民代表大会转化为国家意志。2016年3月，第十二届全国人民代表大会第四次会议审查通过了《中华人民共和国国民经济和社会发展第十三个五年规划纲要》（以下简称《纲要》）。《纲要》指出"实施食品安全战略""完善食品安全法规制度，提高食品安全标准，强化源头治理，全面落实企业主体责任，实施网格化监管，提高监督检查频次和抽检监测覆盖面，实行全产业链可追溯管理""加快完善食品监管制度，健全严密高效、社会共治的食品安全治理体系。"《纲要》绘制的"十三五"期间实施食品安全战略的宏伟蓝图，体现了全国各族人民的共同意愿，反映了时代发展的客观要求。

党的十九大是在全面建成小康社会决胜阶段、中国特色社会主义进入新时代的关键时期召开的一次十分重要的大会，充分展示了实现中华民族伟大复兴的光辉前景。习近平总书记在党的十九大报告中重申，"实施食品安全战略，让人民吃得放心"，再次鲜明地展示了中国共产党不忘初心、牢记使命的政治追求和政治担当，把人民满意作为一切工作的出发点。

总之，党的十八大以来，党中央把人民对美好生活的向往作为奋斗目标，站在历史新起点，基于食品安全风险治理在我们党治国理政中的基本定位，对推进食品安全风险治理体系与治理能力现代化作出了一系列的制度安排，食品安全风险治理取得了一系列重大的理论成果，必将对新时代我国食品安全风险治理产生重大而深远的影响。

2.1.3 食品安全战略擘画新征程

民之所忧，施政所思；民之所望，施政所向。2017年2月21日，经国务院总理李克强签批，国务院印发《"十三五"国家食品安全规划》(国发〔2017〕12号)。《"十三五"国家食品安全规划》全面贯彻党的十八届二中、三中、四中、五中全会对食品安全工作作出的一系列重大战略，紧密围绕统筹推进"五位一体"总体布局和协调推进"四个全面"战略布局，全面落实食品安全风险治理"最严谨的标准、最严格的监管、最严厉的处罚、最严肃的问责"的要求，既是"十三五"时期我国食品安全工作的纲领性文件，更是党的十八届五中全会确定的食品安全战略的开篇之作。

拓展阅读

《“十三五”国家食品安全规划》的四大亮点

亮点一：从“明厨亮灶”到网络订餐，严格源头治理、加强过程监管。食品安全规划对食用农产品“从农田到餐桌”提出全过程监管、全链条追溯等要求，严格落实食品药品生产、经营、使用、检测、监管等各环节安全责任。

亮点二：剑指“潜规则”“老大难”，严惩造假、处罚到人。食品安全规划提出强化专项整治，集中力量查办大案要案，对食品违法的重点领域、重点环节和重点问题加大稽查执法力度，推动行刑衔接、推动食品违法行为入罪等措施，强调所有违法行为都要处罚到人。

亮点三：从全覆盖抽检到全项目检查，加强风险管理、制订行动计划。让监管“跑”在风险前面，让成果对接百姓期待，加强食品安全监管只有起点，没有终点。食品安全规划提出建立健全以风险分析为基础的科学监管制度，强化风险监测、风险评估、风险预警和风险交流，对所有类别和品种的食品实行全覆盖抽检。

亮点四：制国标、强监管、带队伍，提高标准、智慧监管。食品安全规划建立最严谨的食品安全标准体系，实施食品安全国家标准提高行动计划，制（修）订不少于300项食品安全国家标准，制（修）订农药残留限量指标3987项。同时加强检验检测、监测评价等技术支撑体系建设，加强科技支撑，运用“互联网+”、大数据等实施在线智慧监管。

资料来源：陈聪，刘硕，2017. 织密食药监管网络 护航“舌尖上的安全”——解读“十三五”国家食品和药品安全规划四大亮点［EB/OL］. http://www.xinhuanet.com/politics/2017-02/21/c_1120506242.htm，2月21日.

展望新征程，路险且艰，任重道远。凡事预则立不预则废。《“十三五”国家食品安全规划》提出了“十三五”期间食品安全的发展目标，设计了实施食品安全战略的“施工方案”，重点工作有：一是开展食用农产品源头治理，实施高毒、高残留农药替代行动；提高农业标准化水平；实施农业标准化推广工程，推广良好农业规范。二是实现“从田间到餐桌”的全程监管，严格落实食品生产、经营、使用、检测、监管等各环节安全责任。三是从严治理、解决突出隐患及行业共性问题；整治食品安全突出隐患及行业共性问题；重点治理超范围、超限量使用食品添加剂、违法使用瘦肉精等危害食品安全的“潜规则”和相关违法行为。四是加强风险管理，将“米袋子”“菜篮子”等主要产品纳入监测评估范围，食品安全抽样检验覆盖所有食品类别、品种。

图说

“十三五”期末我国食品安全的重点目标

到2020年，我国将实现食品安全抽检覆盖全部食品类别、品种。农业源头污染得到有效治理，主要农作物病虫害绿色防控覆盖率达到30%以上，农药利用率达到40%以上，主要农产品质量安全监测总体合格率达到97%以上。食品安全现场检查全面加强。食品安全标准更加完善。食品安全监管和技术支撑能力得到明显提升。

资料来源：《“十三五”国家食品安全规划》。

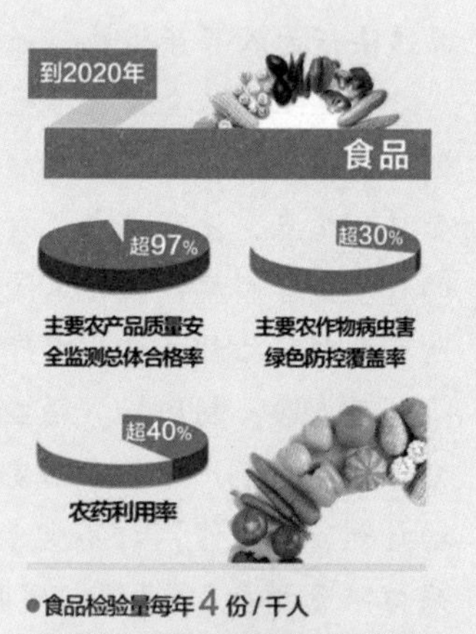

- 食品检验量每年4份/千人
- 制（修）订食品安全国家标准不少于300项
- 制（修）订、评估转化农药残留限量指标6 600余项、兽药残留限量指标270余项

习近平总书记指出，“食品安全涉及的环节和因素很多，但源头在农产品，基础在农业。农产品生产是第一车间，源头安全了，才能保证后面环节安全。抓食品安全，必须正本清源，首先把农产品质量抓好。”党的十八大以来，食品安全风险治理逐步上升为国家重大战略，擘画新的征程还充分体现在2013年以来6个中央1号文件中。这6个中央1号文件均从不同的角度对农产品与食品质量安全作出了安排，提出了要求，全力奏响了食品与农产品质量安全的“协奏曲”。2018年1月，《关于实施乡村振兴战略的意见》更是

明确提出，“实施食品安全战略，完善农产品质量和食品安全标准体系，加强农业投入品和农产品质量安全追溯体系建设，健全农产品质量和食品安全监管体制，重点提高基层监管能力”。实施食品安全战略，首先是立足食品安全是“产”出来的出发点，要把住生产环境安全关，治地治水，控肥控药，管好农业投入品，把一家一户的生产纳入标准化轨道，打造“舌尖上安全”的第一道防线。

2.2 完善食品安全法治体系

“立善法于天下，则天下治；立善法于一国，则一国治。”食品安全事件频发，很大程度上是由于一些企业诚信意识、法治意识、责任意识淡薄，见利忘义、唯利是图。对此，习近平总书记指出：现在，之所以还有人还敢冒天下之大不韪制售黑心食品，是因为管理还有漏洞、执法还不严格、惩罚不够严厉、违法成本太低。要落实企业主体责任，引导企业守法生产，明确生产经营者是食品安全第一责任人，出了问题能找得着主。党的十八大以来，党中央全力推进依法治国，建立法治国家。在食品安全风险治理领域，持续推进相关农产品与食品安全法律法规制度的修改完善与新的立法等建设工作，逐步构建起具有中国特色的较为完整的食品安全法治体系。

2.2.1 食品安全法治体系即将进入“2.0时代”

法律是治国之重器，良法是善治之前提。健全食品安全风险法律体系是法治国家治理食品安全风险的必由路径。食品安全乱象丛生，应当整肃不法，可是无论重典施治，还是严刑峻法，首先需要一个科学完备的法律法规体系来作为支撑。

在2009版《食品安全法》制定实施以前，我国在食品安全问题管理上的规制一直是以“食品卫生”为核心特征的。2006年，修订食品卫生法被列入年度立法计划。此后，将修订食品卫生法改为制定食品安全法。2009年，十一届全国人大常委会第七次会议表决通过食品安全法，并于当年6月1日正式施行。以2009版《食品安全法》的颁布实施为标志，我国逐步确立了以《食品安全法》《农产品质量安全法》为核心的食品安全风险治理的法律制度框架。尤其是党的十八大以来，逐步构建起具有中国特色的较为完整的食品安全风险治理的法律体系。

2015年10月1日实施了新修订的食品安全法，标志着我国食品安全风险治理的法律体系建设进入一个新的发展时期，从法治上为食品安全战略的实施提供了保障。以新修订的食品安全法为核心，科学完备的食品安全法律法规体系正在逐步形成。到2020年，我国科学完备的食品安全风险治理的法律制度体系将基本建成，高素质的专业化监管队伍将基本建立，法治精神、法治理念与法治思维将得到深入普及，职能清晰、执法严明、公开公正、廉洁高效的食品监管部门将基本建成。

拓展阅读

当前我国食品安全法律体系法规体系的构成

当前的食品安全法律体系法规体系主要由六个部分组成：一是法律，是我国法律法规体系中法律效力层次最高的规范性文件，是制定从属性相关法规、规章及其他规范性文件的依据，主要是《食品安全法》和《农产品质量安全法》。二是行政法规，包括国务院制定的行政法规（如《食品安全法实施条例》）和地方人大制定的地方性法规（如《山东省食品小作坊小餐饮和食品摊点管理条例》），此类法规是国务院或省、自治区、直辖市人民代表大会及其常务委员会根据全国或本行政区的情况和实际需要，在不与宪法、法律、行政法规相抵触的前提下，按照法定程序制定的，其法律效力低于法律，高于规章。三是司法解释，主要是针对食品刑事案件和食品民事纠纷分别出台了《关于办理危害食品安全刑事案件适用法律若干问题的解释》和《关于审理食品药品纠纷案件适用法律若干问题的规定》等司法解释。四是规章，包括国务院相关行政部门制定的部门规章和地方人民政府制定的地方规章。部门规章指国务院各部门根据法律和国务院的行政法规，在本部门权限内按照规定的程序所制定的规定、办法、实施细则、规则等规范文件，如农业部制定的《农产品质量安全监测管理办法》，国家食品药品监督管理总局制定的《食品生产经营许可证管理办法》等。地方规章是指省、自治区、直辖市以及省、自治区人民政府所在地的市和经国务院批准的较大的市的人民政府根据法律和行政法规，按照规定程序所制定的适用于本地区行政管理工作的规定、办法、实施细则、规则等规范性文件，如《四川省〈重大动物疫情应急条例〉实施办法》等。五是标准，食品安全法律法规具有很强的技术性，大多要求有与其配套的相关标准，虽然食品安全标准不同于法律、法规和规章，属技术规范性质，但也是食品安全法律体系中不可缺少的重要部分。六是其他规范性文件，如原国家质量监督检验检疫总局制定的《食品进口记录和销售记录管理规定》、原国家卫生和计划生育委员会定的《食品安全国家标准“十三五”规划》等。

资料来源：由江南大学食品安全风险治理研究院整理形成。

2.2.2 食品安全法的修订与“落地”

开门立法，是推进科学立法、民主立法的重大举措，敞开大门立法已经越来越成为我国立法工作的常态。2013年启动的食品安全法的修订，充分体现了“敞开大门科学立法”的立法思路，使得食品安全法的修订更加科学缜密，确保法律立得住、行得通、真管用。

为了以法律形式固定监管体制改革成果、完善监管制度机制，解决当前食品安全领域存在的突出问题，以法治方式维护食品安全，为最严格的食品安全监管提供体制制度保障，党的十八大召开后不久，修改食品安全法被立法部门提上日程。2013年5月，国务院将食品安全法修订列入2013年立法计划，并确定由国家食品药品监督管理总局牵头修订。经过广泛调研、论证和

拓展阅读

食品安全立法的重要历程的简要回顾

1995年，《食品卫生法》正式施行。

2006年，修订《食品卫生法》被列入年度立法计划。此后，将修订《食品卫生法》改为制定《食品安全法》。

2007年，首次提请全国人大常委会审议。

2008年，《食品安全法（草案）》公布，广泛征求各方面意见和建议。后因三鹿奶粉引发的"三聚氰胺事件"，又进行了多方面修改。

2009年，《食品安全法》在十一届全国人大常委会第七次会议上获得通过，并于当年6月1日正式施行，《食品卫生法》同时废止。同年，国务院颁布实施《食品安全法实施条例》。

2013年，最高人民法院、最高人民检察院颁布《关于办理危害食品安全刑事案件适用法律若干问题的解释》。

2013年10月，国务院法制办公室就《食品安全法（修订草案）》送审稿公开征求意见，在此基础上形成的修订草案经国务院第47次常务会议讨论通过。

2014年6月23日，《食品安全法》自2009年实施以来迎来首次大修，并提交十二届全国人大常委会第九次会议审议。

2015年4月，十二届全国人大常委会第十四次会议对《食品安全法（修订草案）》审议后表决通过，自2015年10月1日起施行。

资料来源：由江南大学食品安全风险治理研究院整理形成。

征询意见，2013年10月10日，国家食品药品监管总局向国务院报送了《食品安全法（修订草案送审稿）》。2013年10月30日公布的十二届全国人大常委会立法规划中，《食品安全法》的修改被列为“条件比较成熟、任期内拟提请审议的法律草案”之一。2014年5月14日，国务院常务会议讨论通过《食品安全法（修订草案）》。同年6月23日，《食品安全法（修订草案）》被提交至全国人大常委会第九次会议一审。2014年12月22日，十二届全国人大常委会第十二次会议对《食品安全法（修订草案）》进行二审。2014年12月30日至2015年1月19日，《食品安全法（修订草案）》第二次公开征求意见。2015年4月，十二届全国人大常委会第十四次会议对《食品安全法

拓展阅读

全国人大常委会的食品安全执法检查

2016年上半年，全国人大常委会组成《食品安全法》执法检查组，由全国人大常委会委员长张德江和4位副委员长分别带队，赴天津、内蒙古、黑龙江、福建、湖北、广东、重庆、四川、陕西、甘肃等10个省（自治区、直辖市）对《食品安全法》的实施情况进行检查，其他各省区市进行自查。2016年6月30日，张德江代表全国人大常委会执法检查组向常委会作了关于检查《食品安全法》实施情况的报告。2016年12月23日，在第十二届全国人民代表大会常务委员会第二十五次会议上，国家食品药品监督管理总局局长、国务院食品安全办主任毕井泉受国务院委托向全国人大常委会报告研究处理食品安全法执法检查报告和审议意见的情况。本次执法检查是自2009年《食品安全法》施行以来全国人大常委会开展的第三次执法检查，前两次分别在2009年和2011年。这次执法检查在新修订的食品安全法实施不满半年之际开展，充分体现了全国人大常委会对食品安全工作的高度重视，有力地推动了《食品安全法》的贯彻实施，对全面落实习近平总书记关于食品安全“四个最严”的要求，构建统一权威的食品药品监管体制，加快食品安全治理体系和能力现代化，保障人民群众食品安全意义重大。

（修订草案）》审议后表决通过，自2015年10月1日起施行。可以说，在食品安全法的修订过程中，很好地做到了广纳民意、广集民智，从而使得新法更接地气、更具民意基础。

法律的生命在于实施，“严法”必须“落地”，而且要“站稳”。400多年前，明代张居正曾讲过这样一句话：“天下之事，不难于立法，而难于法之必行。”党的十八届四中全会通过的《中共中央关于全面推进依法治国若干重大问题的决定》指出，法律的生命力在于实施，法律的权威在于实施。升级的2015版《食品安全法》人称“史上最严”，从公众舆论的角度看或意味着两层意思：一是纸上最严，二是执行最严。写在纸上的法律被彻底执行到位，才是公众满意度最直接的支撑。如何避免新法因执行乏力而成为“浮云”是公众更为担心的问题。

食品安全监管的复杂性，决定了新法实施不会一帆风顺。新法实施情况如何？食品安全状况是否得到有力改善？目前尚存在哪些问题？对此，2016年4月至5月，第十二届全国人大常委会专门成立了由张德江委员长担任组长的食品安全法执法检查组，分为5个小组，分别赴天津、内蒙古、黑龙江、福建、湖北、广东、重庆、四川、陕西、甘肃等10个省（自治区、直辖市）开展执法检查。本次执法检查的主要目的是深入宣传、实施被誉为“史上最严”的新食品安全法，督促政府建立健全统一权威的食品安全监管体制，推动食品安全战略、治理体系和治理能力建设，落实最严格的食品安全监管制度，着力发现和解决当前食品安全领域存在的突出问题，切实改善食品安全状况，保障人民群众的身体健康和生命安全，维护社会和谐稳定。这次高规格、广范围、强力度的执法检查，充分体现了全国人大常委会对新法实施情况的高度重视。各级人大也纷纷组织执法检查，对新法“落地”“站稳”起到了十分重要的促进作用。[①]

食品安全法修订施行后，国务院和地方各级政府高度重视，认真贯彻实

① 张德江，2016. 全国人民代表大会常务委员会执法检查组关于检查《中华人民共和国食品安全法》实施情况的报告［EB/OL］. http：//www.npc.gov.cn/npc/xinwen/2016-07/01/content_1992675.htm，7月1日.

声音

韩大元（中国人民大学法学院院长、教授、博士生导师）：改善食品安全状况，迫切需要实行社会共治，形成政府、企业、行业、个人等主体多元协作，法律、技术、舆论等治理机制协调整合，从农田到餐桌等环节无缝对接的治理格局。在这种治理格局中，法治具有基础性意义，必须先行。这不仅因为通过法治凝聚社会共识是现代社会治理的基本方式，以法治来推动食品安全治理能够赢得全社会的高度关注和积极认同；更重要的是，法律明确设定的权利、义务、职责和责任，能够为不同主体、机制和环节的协同作用提供有力的保障。此外，法治所具有的刚性、强度与威慑力有助于降低食品安全风险，维护社会正义，预防和解决各种纠纷，培育诚信与规则意识。

资料来源：冯其予，2015. 寻求法治基石上的社会共治 [N]. 经济日报，6-16，第13版.

施，落实监管责任，加强财政保障，加大监管力度，食品安全整体状况明显好转。各地开展了形式多样、丰富多彩的宣传学习活动，推动广大食品生产经营者、各级政府和社会各界全面准确把握法律的新精神、新要求，增强了贯彻实施食品安全法的责任感、使命感，营造了全社会共同关注食品安全的法治氛围，法治精神、法治理念与法治思维得到很好的普及。食品安全违法惩治成效非常明显，新法实施后，各级食品药品监管部门与公检法系统，组织开展专项执法行动，严厉打击危害食品安全的行业“潜规则”，既盯住老问题，又着眼新动向，坚持出重手、下重拳、加大打击力度，形成强大震慑。

2.3 全面推进政府监管体制改革

政府食品安全监管体制，是指关于政府食品监管机构的设置、管理权限的划分及其纵向、横向关系的制度安排。以政府食品安全监管体制为核心的食品安全监管体系是食品安全风险治理体系的基本组成部分，具有不可替代的作用。

2.3.1 总书记十分关注食品安全监管体制的改革

习近平总书记始终关注食品安全监管体制的改革，并发表了一系列重要讲话。2013年12月23日，习近平总书记在中央农村工作会议上强调，"必须完善监管制度，强化监管手段，形成覆盖从田间到餐桌全过程的监管制度"，"建立食品安全监管协调机制，设立相应管理机构"，"解决多头分管、责任不清、职能交叉等问题"，"真正实现上下左右有效衔接，还要多下气力、多想办法"。2016年1月28日，习近平总书记指出："要牢固树立以人民为中心的发展理念，坚持党政同责、标本兼治，加强统筹协调，加快完善统一权威的监管体制和制度。"在2016年8月召开的全国卫生与健康大会上，习近平总书记又强调："严把从农田到餐桌的每一道防线。要牢固树立安全发展理念，健全公共安全体系，努力减少公共安全事件对人民生命健康的威胁。"2016年12月21日，习近平在中央财经领导小组第十四次会议上再次要求："完善食品药品安全监管体制，加强统一性、权威性。"2017年1月3日，习近平对食品安全工作又一次作出重要指示："加强基层基础工作，建设职业化检查员队伍，提高餐饮业质量安全水平，加强'从农田到餐桌'全过程食品安全工作。"习近平总书记的一系列重要讲话与论述均从不同角度、不同层面阐释了食品安全监管体制改革的极端重要性，充分体现了习近平总书记对构建统一权威的食品安全监管体制的坚强意志和坚定决心，为食品安全监管体制的改革指明了方向。

2.3.2 2013年政府食品安全监管体制改革

新中国成立以来，在不同的发展阶段，我国的食品安全监管体制经历了从简单到复杂的发展变化过程。尤其是改革开放以来，伴随着社会主义市场经济体制的建立与不断完善，食品安全监管体制一直处于变化和调整之中，平均约五年为一个改革周期。我国原有的食品安全监管体制是在计划经济向市场经济的体制转型中形成的，并在计划经济时期指令型管理体制的基础上，逐步经历了经济转轨时期的混合型管理体制和市场经济条件下的监管型体制的演化过程。1993年以来，虽然通过多次改革，我国的食品安全监管体制处于不断的完善之中，但是多次改革并没有从本质上改变分段监管体制，只是对多部门分段监管体制进行了局部调整，难以适应社会主义市场经济发展的要求，也不符合农产品与食品安全风险治理的基本规律，与食品安全风险监管的国际惯例也有相当的差距（图2-1）。核心的问题是改革没有解决食品安全多头与分段管理，相互推诿扯皮、权责不清的顽症。

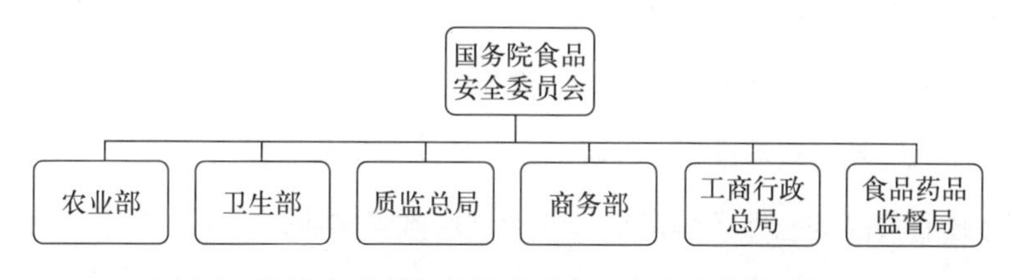

图2-1　2013年改革之前的我国食品安全监管体制框架

2013年2月，党的十八届二中全会通过了《国务院机构改革和职能转变方案》。2013年3月，第十二届全国人民代表大会第一次会议通过的《国务院机构改革和职能转变方案》，作出了改革政府食品安全监管体制，组建国家食品药品监督管理总局的重大决定，启动了新一轮的食品安全监管体制改革，改革整合了工商、质监、食药等部门食品安全监管职责，将监管资源向乡镇基层纵向延伸，取得了一定成效。

提高食品安全监管的效率，关键在于改变“九龙治水”的监管格局。2013年进行的新一轮食品安全监管体制改革，这是改革开放以来第七次食品安全监管体制改革，与以往历次改革相比较，具有大部制改革的基本特点，初步解决了“众龙治水”“分段管理”式的监管体制，标志着我国的食品安全监管体制初步形成了由“职能转变”为核心的大部制模式，开始进入相对集中监管体制的新阶段。

改革后新的食品安全监管体制较以前的体制有了根本性的变化，形成了农业部门和食品药品监管部门集中统一监管，以卫生和计划生育委员会（2018年机构改革后，变更为国家卫生健康委员会）为支撑，相关部门参与，国家与地方各级食品安全委员会综合协调的体制（图2-2）。从食品安全监管模式的设置上看，重点由三个部门对食品安全进行监管，食品药品监督管理部门对食品的生产、流通以及消费环节实施统一监督管理，农业部门负责初级食用农产品生产的监管工作，卫生和计划生育委员会负责食品安全风险评估与标准的制定工作，基本形成了"三位一体"的监管总体框架。改革后形成的新体制由"分段监管为主，品种监管为辅"的监管模式转变为集中监管模式，更好地整合了原来分散在各个部门的监管资源，初步解决了监管重复和监管盲区并存的尴尬，对探索与最终解决食品安全多头与分段管理、相互推诿扯皮、权责不清的顽症迈出了新的一步，对形成统一权威的食品安全监管体系具有积极的作用，尤其是地方政府食品安全监管体制推行的大市场监管实践，有利于精简执法机构、压缩行政成本，避免多头执法、重复执法，为2018年新的食品安全体制改革奠定了重要的基础。

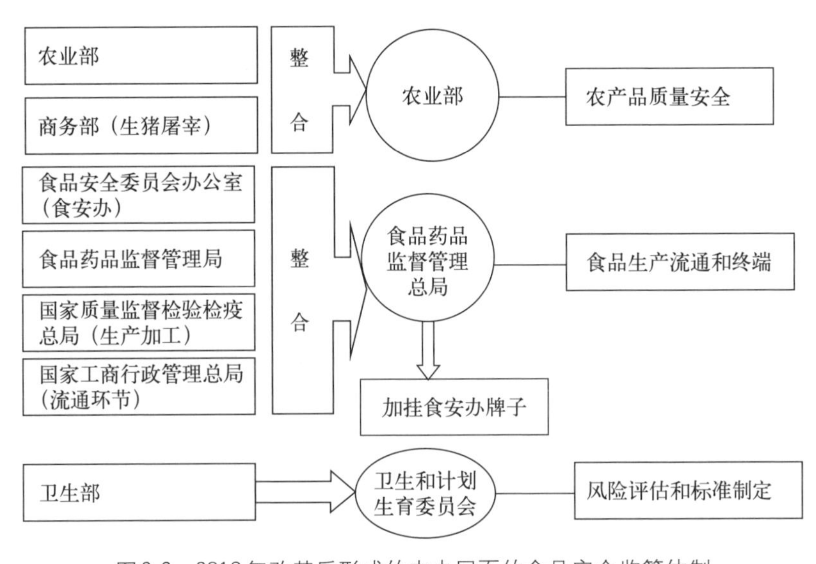

图2-2　2013年改革后形成的中央层面的食品安全监管体制

2.3.3 2018年食品安全监管体制的新改革

2018年2月28日，党的十九届三中全会审议通过了《中共中央关于深化党和国家机构改革的决定》，中共中央印发了《深化党和国家机构改革方案》，要求各地区各部门结合实际认真贯彻执行。2018年3月21日，国务院机构改革方案正式公布，组建国家市场监督管理总局，不再保留国家食品药品监督管理总局、国家工商行政管理总局和国家质量监督检验检疫总局（以下简称质检总

图说

食品安全监管体制新的改革

改革市场监管体系，实行统一的市场监管，是建立统一开放、竞争有序的现代市场体系的关键环节。2018年3月13日在第十三届全国人民代表大会第一次会议上，国务委员王勇在《关于国务院机构改革方案的说明》中指出，将国家工商行政管理总局的职责，国家质量监督检验检疫总局的职责，国家食品药品监督管理总局的职责，国家发展和改革委员会（以下简称国家发改委）的价格监督检查与反垄断执法职责，商务部的经营者集中反垄断执法以及国务院反垄断委员会办公室等职责整合，组建国家市场监督管理总局，作为国务院直属机构。其主要职责是，负责市场综合监督管理，统一登记市场主体并建立信息公示和共享机制，组织市场监管综合执法工作，承担反垄断统一执法，规范和维护市场秩序，组织实施质量强国战略，负责工业产品质量安全、食品安全、特种设备安全监管等。

局）。原国家食品药品监督管理总局的食品安全监管职责和国务院食品安全委员会的具体工作由国家市场监督管理总局承担。此轮改革食品安全监管体系，将实行统一的市场监管，有助于建立统一开放、竞争有序的现代市场体系，营造诚实守信、公平竞争的市场环境，让人民群众买得放心、用得放心、吃得放心。

新组建的市场监管局专司市场监管和行政执法，执行国家竞争政策，上下对口设置。同时，市场监管实行分级管理，不实行垂直管理，省级及以下机构被赋予了更多自主权，地方政府可以根据本地区经济社会发展实际，在规定限额内因地制宜设置机构和配置职能。《深化党和国家机构改革方案》进一步要求整合工商、质检、食品、药品、物价、商标、专利等执法职责和队伍，组建市场监管综合执法队伍。

按照党中央的统一部署，中央和国家机关机构改革在2018年年底前落实到位。省级党政机构改革方案在2018年9月底前报党中央审批，在2018年年底前机构调整基本到位。省以下党政机构改革，由省级党委统一领导，在2018年年底前报党中央备案。所有地方机构改革任务在2019年3月底前基本完成。

3 筑牢法治“防火墙”

习近平总书记在2016年8月召开的全国卫生与健康大会上指出“要贯彻食品安全法，完善食品安全体系，加强食品安全监管”。2017年1月，习近平总书记在食品安全工作所作出的重要指示中进一步强调“要加强食品安全依法治理”。党的十八大以来，以习近平同志为核心的党中央全力推进依法治国，对完善食品安全风险治理法治体系建设提出了一系列的要求，作出了一系列的战略安排。2015年4月24日，第十二届全国人民代表大会常务委员会第十四次会议通过了被称之为“史上最严”的新修订的2015版《食品安全法》，国家主席习近平签署第21号主席令予以公布，并于2015年10月1日起施行。以食品安全法的修订与实施为标志，我国食品安全风险法治体系建设进入了一个新的历史时代。

3.1 实施“史上最严”的食品安全法

“立善法于天下，则天下治；立善法于一国，则一国治。”党的十八大召开后不久，国家食品药品监督管理总局就启动了食品安全法的修订工作，并于2013年10月向国务院报送了《中华人民共和国食品安全法（修订草案送审稿）》。通过全国人大常委会卓有成效的工作，新修订的食品安全法由第十二届全国人民代表大会常务委员会第十四次会议审议通过。新法修订的主要目的是“以法律形式固定我国食品安全监管体制的改革成果、完善监管的制度机制，解决当前食品安全领域存在的突出问题”，以法治方式维护食品安全，从而为最严格的食品安全监管提供体制制度保障。食品安全法的修订与实施，是以习近平总书记为核心的党中央依法治理食品安全风险所作出最重要的制度安排之一，奠定了新时代食品安全风险治理的法理之基。总体而言，新法具有如下8个方面的新亮点。

3.1.1 建立食品安全全过程监管和全程追溯制度

食品生产经营是一个完整链条，如何对其中的每一个环节都加强监管，避免监管链条断裂，是食品安全法修订过程中所需要解决的重大问题。中国质量万里行促进会会长、北京大学法治与发展研究院高级研究员刘兆彬对此曾做过比较研究，认为我国在食品安全监管链条方面存在漏洞，“从国际社会看，美国、日本、欧盟的食品安全法，基本做到了从田间到餐桌的全链条管理，而我们的链条是断裂的，2015版《食品安全法》只是从食品加工开始，到流通和餐饮。”对此，新法规定了对生产、加工、销售、餐饮服务等各环节最严格的全过程管理。同时还明确规定国家建立食品安全全程追溯制度，通过建立出厂检验记录制度、进货查验记录制度、批发企业的销售记录制度等方式，使食品、食品添加剂、食用农产品全程可追溯，并鼓励食品生产经营者采用信息化手段采集、留存生产经营信息，建立食品安全追溯体系。

图说

海南省水产品质量安全追溯系统建设状况

海南省水产品质量安全监管工作突破传统监管模式，利用移动互联网、物联网、云计算、二维码、质量安全快速检测技术，按照“统一规划，省市（县）结合，分步实施、稳步推进”的方法，成功建成了覆盖全省所有行政区块的三级架构、全程追溯的水产品质量安全监管系统，在全国范围内率先实现了从水产品养殖、加工到批发零售的全程追溯。该系统自2015年5月上线运行，到2017年年底共录入各级追溯监管单位21家、养殖基地45家、加工企业5家、批发市场1家，监管检测数据1 913条，采集企业信息4 800余条。在“十三五”期间，计划新建水产品电子商务交易平台并与现有的水产品质量安全追溯系统无缝对接，试点全面覆盖海南省规模以上水产苗种场、水产健康养殖示范场、水产品无公害产地、水产标准化养殖示范场和大型水产养殖场，并为全省流通领域的大型水产品批发市场、超市、农贸市场提供接入服务，实现跨平台的信息化协同办。

资料来源：江南大学食品安全风险治理研究院提供。

3.1.2 突出“风险治理”理念

新法在总则中规定了食品安全工作要实行“预防为主、风险管理、全程控制、社会共治”的基本原则，提出完善食品安全风险监测和评估制度、建立食品安全风险信息交流制度、增设责任约谈制度、增加风险分级管理要求。新法规定，国务院卫生行政部门负责组织食品安全风险评估工作，并在第十八条规定了应当进行食品安全风险评估的六种情形。新法增设食品安全风险交流制度，要求食品药品监督管理部门和其他有关部门、食品安全风险评估专家委员会及其技术机构开展风险交流，实施风险分级管理。新法规定，“各级人民政府应当加强食品安全的宣传教育，普及食品安全知识”，食品药品监督部门应该把食品安全监管信息按照“科学、客观、及时、公开”的要求进行发布，还要“鼓励社会组织、基层群众性自治组织、食品生产经营者开展食品安全法律、法规以及食品安全标准和知识的普及工作”。新法规定“新闻媒体应当开展食品安全法律、法规以及食品安全标准和知识的公益宣传”，“对食品安全违法行为进行舆论监督”，同时对食品安全报道提出了很明确的要求“有关食品安全的宣传报道，应当真实、公正”。

数说

食品安全信息公开

普及食品安全的相关知识，及时、准确而全面地向社会发布食品安全信息，对有效缓解食品安全领域的信息不对称，充分保障公众食品安全的知情权，消除可能影响社会稳定与人民生活的隐患，避免由于食品安全信息的突然披露而导致的社会混乱具有积极的意义。我国从法律、行政法规到规章和规范性文件，对食品安全信息公开均有规定，显示出立法层面对食品安全信息的高度重视，食品安全信息的公开已成为食品安全监管的重要手段。

2017年，原国家食品药品监督管理总局先后制定发布了《关于全面推进食品药品监管政务公开工作的实施意见》《食品药品安全监管信息公开管理办法》《食品药品行政处罚案件信息公开实施细则》等相关制度文件，进一步明确了食品药品监管信息公开工作思路和要求，建立健全制度规范，对行政处罚案件等监管信息公开提出细则要求。2017年，总局网站主动公开政府信息9041条。其中，食品药品监管系统动态类信息1 759条，占19.4%；公告通告类信息4 734条，占52.4%；科普类信息706条，占7.8%；法规文件类信息199条，占2.2%；专栏及综合管理类信息1 508条，占16.7%；人事类信息55条，占0.6%；征求意见类信息80条，占0.9%。网站已建立120余个信息发布栏目、4个互动栏目，60个基础数据库，1个英文子网站，1个行政许可服务子站。2017年，网站独立用户访问总量达1.25亿人次，网站总访问量达14.28亿次。

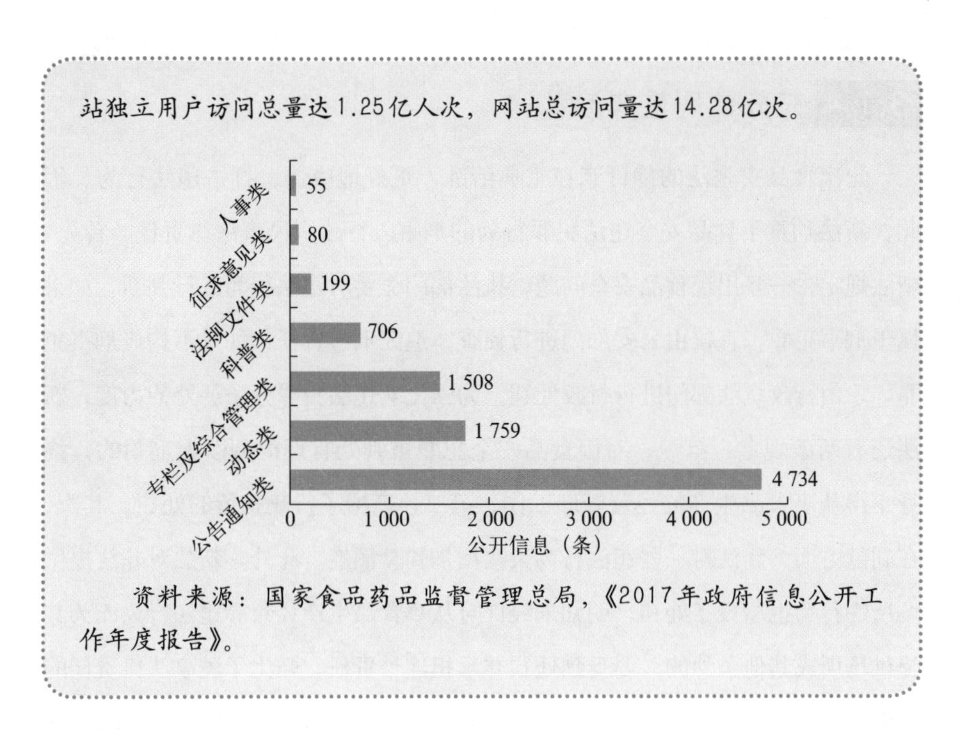

资料来源：国家食品药品监督管理总局，《2017年政府信息公开工作年度报告》。

3.1.3 特殊食品的监管特别严格

保健食品、特殊医学用途配方食品和婴幼儿配方食品在新法中被纳入特殊食品，要求实施更为严格的监管。以婴幼儿配方食品为例，新法规定，婴幼儿配方食品生产企业应当实施从原料进厂到成品出厂的全过程质量控制，对出厂的婴幼儿配方食品实施逐批检验，保证食品安全。生产婴幼儿配方食品使用的生鲜乳、辅料等食品原料、食品添加剂等，应当符合法律、行政法规的规定和食品安全国家标准，保证婴幼儿生长发育所需的营养成分。婴幼儿配方食品生产企业应当将食品原料、食品添加剂、产品配方及标签等事项向省、自治区、直辖市人民政府食品药品监督管理部门备案。新法特别规定：婴幼儿配方乳粉的产品配方应当经国务院食品药品监督管理部门注册。注册时，应当提交配方研发报告和其他表明配方科学性、安全性的材料；不得以分装方式生产婴幼儿配方乳粉，同一企业不得用同一配方生产不同品牌的婴幼儿配方乳粉。

3.1.4 充分体现重典治乱

此次食品安全法的修订意在重典治乱，更好地威慑、打击违法行为。因此，新法加重了食品安全违法犯罪行为的刑事、行政、民事法律责任。首先，新法规定，一旦出现食品安全问题，执法部门先要对违法行为进行判断，如果属于刑事犯罪，直接由公安部门进行侦查，追究刑事责任；如果不构成刑事犯罪，才由行政执法部门进行行政处罚。为强化对违法犯罪分子惩处的力度，新法还有两条规定：第一，对因食品安全犯罪被判处有期徒刑以上刑罚的，终身不得从事食品生产的经营管理工作；第二，新增了行政拘留的处罚。其次，在罚款方面，新法对一些违法行为大幅增加罚款额度。此外，新法对非法提供场所的行为也增设了处罚，明知未经许可从事食品生产经营等违法行为而为其提供场所或其他条件的，要受到处罚并承担连带责任，强化了民事法律责任的追究。

3.1.5 明确规定剧毒、高毒农药的使用禁区

利用剧毒农药、化肥、膨大剂等对蔬菜瓜果等食用农产品进行病虫害防治、催肥，是百姓最担忧的食品安全问题之一。加强农药的管理，对于从“源头”保障食品安全至关重要。新法特别强调对农药的使用实行严格的监管，要求“加快淘汰剧毒、高毒、高残留农药，推动替代产品的研发应用”“鼓励使用高效、低毒、低残留的农药”，特别强调剧毒、高毒农药不得用于瓜果、蔬菜、茶叶、中草药材等国家规定的农作物，并对违法使用剧毒、高毒农药的行为，除依照有关法律法规规定给予处罚外，增加了由公安机关予以拘留处罚的规定。食用农产品生产者应当按照食品安全标准和国家有关规定使用农药、肥料、兽药、饲料和饲料添加剂等农业投入品，严格执行农业投入品使用安全间隔期或者休药期的规定，不得使用国家明令禁止的农业投入品。这些规定充分体现了我国对剧毒、高毒、高残留农药严厉监管的决心。

图说

2015年4月17日，青岛利客来李村购物中心举行了一场“全民砸西瓜”活动，事件的起因是十余名市民因食用剧毒农药“涕灭威”残留超标的“冰糖黑美人西瓜”，出现呕吐、头晕、胸闷的情况，一名孕妇甚至流产。农药滥用和农药残留严重危害食品安全，“砸西瓜”事件就充分表达了公众的愤慨，因此，修订后的食品安全法禁止对蔬菜、瓜果使用剧毒、高毒农药可谓顺民心、合民意。

3.1.6 增设首负责任制和网络食品交易平台责任

新法确立了首负责任制，消费者因食用不符合食品安全标准的食品受到损害，可以向经营者要求赔偿，也可以向生产者要求赔偿。接到消费者赔偿的食品生产者或者经营者应该实现首负责任制，先行赔付不得推诿。责任确定后如果属于生产者责任的，经营者赔偿后可以向生产者进行追偿。对新出现的网络食品安全问题，虽然食品生产者是第一责任人，但网络消费者往往不知道生产经营者是谁，导致追责困难。新法规定，食品交易第三方平台提供者应当对入网食品经营者进行实名登记，明确其食品安全管理责任；依法应当取得许可证的，还应当审查其许可证；发现入网食品经营者有违反本法规定行为的，应当及时制止并立即报告所在地县级人民政府食品药品监督管理部门；发现严重违法行为的，应当立即停止提供网络交易平台服务。消费者合法权益受到损害的，可以向入网食品经营者或者食品生产者要求赔偿。网络食品交易第三方平台提供者不能提供入网食品经营者的真实名称、地址和有效联系方式的，由网络食品交易第三方平台提供者赔偿。

拓展阅读

网购到变质食品，第三方网络交易平台要不要担责？

互联网的飞速发展，越来越深入我们的生活，对普通老百姓来说，在网络上购买食品也进入了日常生活，比如蔬菜水果海鲜等生鲜食品也可以通过网购迅速买到，往往上午下单下午就能够送到，非常的方便，越来越受到消费者的青睐。但也有一些消费者对网购食品尤其是生鲜食品可以说是“想说爱你不容易”。家住北京的小王是一个上班族，为了节约时间，她经常网购水果蔬菜。可也常常遇到一些烦心事，尤其是网购到的食品变质，要退货往往十分困难，供应商和网购平台最容易相互扯皮，搞得小王觉得“身心俱疲”，为了那点不多的钱，浪费了大量时间却还不能解决问题，经常是直接扔掉重买了事。像这种网购到的食品有变质情况，消费者只能“自认倒霉”吗？随着网络食品交易越来越普及，类似的交易纠纷会越来越多。网购到变质食品网络平台要不要担责吗？消费者能不能向网购平台追责？2015版《食品安全法》给这些问题当头一棒——直接将首要责任指向了网络交易的第三方平台，这比我们普通的消费者权益保护法所定的那些网络交易平台的责任更为严格。对小王来说，今后再遇到网购纠纷时，就可以运用更有力而且更便捷的法律武器来维护自己的权益。

3.1.7 “三小”监管纳入法治轨道

我国小食品生产经营单位业态种类繁多，一些小型业态被概括为“小作坊、小摊贩、小餐饮”，简称为“三小”。对“三小”缺乏有效监管，是长期以来食品安全存在的最大隐忧之一。考虑到“三小”点多面广，各地差异很大，由国家统一规范难度较大，新法明确授权各省、自治区、直辖市根据本地情况，制定具有地方特色、操作性强、能够解决实际问题的管理办法。截至2017年12月，已有26个省（直辖市、自治区）出台“三小”地方立法。这种做法虽然实用性更强，但如果不能做到广而致知、普遍尊崇、严格执行，也无法达到预期的效果。新法能否发挥出威力，对“三小”的监管真正做到抓铁有痕，地方性立法的出台与全面落地急迫而关键。

图说

“小作坊、小摊贩、小餐饮”——“三小”呈现多、小、散、低等显著特点。国家质检总局曾经对全国小作坊作过一个初步统计，全国各类小作坊大约有四十余万户。虽然没有关于小摊贩和小餐饮数目的权威统计，但从现实来看，更是遍布大街小巷，数不胜数。大多数小作坊都是10人以下，小摊贩和小餐饮绝大多数都是“夫妻店”，人数较少。这些“三小”食品生产经营者，多分散在农村街巷、城乡接合部和城市街区。不仅如此，“三小”产业基础薄弱，经营环境较差，设施设备简陋，生产工艺落后，管理体系不健全，从业人员文化水平普遍较低，很多不具备基本的食品安全操作技能，不了解相应的法律知识，不熟悉食品生产经营者应当承担的义务，这给食品安全带来较大的风险和隐患。作为一个美食大国，中国的小摊小贩存在已久，一些地方最出名的吃食都隐匿在小巷的食杂店里。食品“三小”是食品安全隐患的“重灾区”，也一直是我国食药监管部门的难题。

3.1.8 明确要求构建社会共治格局

防范食品安全风险的基本路径是加快社会管理向社会治理的转型，真正形成企业、政府、消费者与社会组织等共同参与、各司其职的社会共治格局[①]。

① 吴林海，等，2017. 食品安全风险社会共治作用的研究进展［J］. 自然辩证法通讯（4）：142-152.

对此，新法从监管机构、食品行业协会、消费者组织、举报者以及新闻媒体等五个方面对食品安全社会共治作出规定。新法明确规定，食品行业协会应当提供食品安全信息技术等服务，引导和督促食品生产经营者依法进行生产经营；消费者协会和其他消费者组织应依法进行社会监督；增加食品安全有奖举报制度，明确规定对查证属实的举报应当给予举报人奖励，对举报人的相关信息，政府和监管部门要予以保密；强调监管部门应当准确、及时、客观地公布食品安全信息，鼓励新闻媒体对食品安全违法行为进行舆论监督，同时规定对有关食品安全的宣传报道应当公正真实。监管部门、专业机构、新闻媒体、社会组织虽然职责不同，但积极参与食品安全风险治理，提高公众对食品安全问题的理性认知的目标是一致的。

声音

吴林海（江南大学食品安全风险治理研究院首席专家、教授）：由于食品供应链点多面广链长，更由于人们对发展规律性与食品安全风险本质特征的认识不足，在食品生产技术快速发展、供应链日趋国际化、环境污染不断加剧的背景下，20世纪90年代以来全球食品安全风险日趋凸显，并不断演化为一系列的重大食品安全事件。食品安全风险社会共治（co-goverance）作为一种更透明、更有效地鼓励社会力量参与风险的治理方式应运而生并不断发展。与有限的政府治理资源相比，食品安全风险社会共治能够吸纳企业、社会组织和个人等非政府力量的加入，极大地扩展了治理的主体，丰富了治理的力量。食品安全风险社会共治本质上就是通过科学的制度安排，构建政府、企业、社会友好合作的伙伴关系，实现治理主体的新组合，促进治理力量的新提升，提高治理体系的效率。

资料来源：吴林海，等，2017. 食品安全风险社会共治作用的研究进展 [J]. 自然辩证法通讯（4）：142-152.

3.2 新时代食品安全法律法规体系建设的新特色

回顾党的十八大以来我国食品安全风险治理的法治化的建设历程，可以清晰地发现，进入新时代的我国食品安全风险的法治规体系形成了一系列新的特色。

3.2.1 形成了绵密规范的食品安全风险法治体系

我国食品安全风险治理从“食品卫生”向“食品安全”理念的转变仅有10余年的时间。由“食品卫生”向“食品安全”的转变，更重要的是制度和规则体系的有效供给。我国的食品安全法治体系在很短时间内实现了法律规范体系供给侧的快速改革和迅速完善。无论是从法律规范体系的制（修）订速度，还是数量方面，都在短时间内实现了突破式增长。“法”除了定纷止争的作用外，更重要的是它能够通过确定的规则体系安排，发挥法的稳定相关主体行为预期、规范行政权力行使、依法保障行政相对人合法权益等综合效能。纵观我国与欧美等发达国家食品安全立法的发展历程，可以说我国食品安全风险治理法制在制度构建和规则体系完善方面取得的成绩是值得肯定的，法制建设为食品安全风险治理提供了基本的制度和规则框架体系，为食品安全风险治理的要素协调和合力发挥奠定了法制基础。

3.2.2 严刑重处成为食品安全风险法治化的基本理念

自2008年“三鹿奶粉”事件以来，食品领域的违法违规行为引发社会各界广泛关注。食品安全违法成本低、处罚力度不够等因素成为各方在分析食品安全问题时的一种普遍论述。坚持用“最严谨的标准、最严格的监管、最严厉的处罚、最严肃的问责”治理食品安全风险，成为中央的明确要求和全社会的普遍共识。2015年10月召开的党的十八届五中全会在党和国家的历史上第一次鲜明地提出了实施“食品安全战略”的重大决策，食品安全上升到国家战略的高度，为新时期的食品安全风险治理工作提出了新的要求。正是在此背景下，新法以加大违法成本作为法律义务和责任体系安排的重要考量因素，细化了食品安全违法行为的类型，大幅提升了违法行为的处罚力度，丰富了食品安全违法行为声誉罚、行为罚、财产罚、自由罚的处罚体系和种类，食品安全刑事司法解释则重点对食品安全犯罪的具体情形和定罪处罚进行了明确。

3.2.3 回应式监管方式成为食品小微业态监管新选项

新法第三十六条明确了小作坊、小摊贩等食品小微业态的立法和管理事权归属地方。食品小微业态的实际经营状况，与食品生产经营许可的获证条件之间存在较大张力，单纯以无证为由加以取缔，一方面存在执法难的现实困扰，另一方面也不符合“放管服”改革的基本精神*。近年来，各地充分运用上位法授权，通过制定地方食品安全条例、小餐饮小作坊小摊贩等小微业态管理条例等方式，加强对食品小微业态的管理，积极探索回应式监管方式。从依法将食品小微业态纳入监管视野、促进其规范有序发展的角度出发，各地普遍提出实施小餐饮、小摊贩等小微业态的备案、登记、核准等非许可管理方式，以符合食品安全、环境卫生的基本要求为基本判断依据，对符合相关条件的小微业态发放准许经营的凭证。这种做法是监管主动适应食品业态实际发展水平与积极引导行业规范有序发展的结合，反映出各地开始认识到“许可不等于食品安全”的这一基本事实，也是立法、监管加强回应式监管的一种典型表现，是从“过度重视事前许可管理”向“重视事中事后监管”的积极转变。

* “放管服”，是简政放权、放管结合、优化服务的简称。“放”即简政放权，降低准入门槛；“管”即公正监管，促进公平竞争；“服”即高效服务，营造便利环境。

3.2.4 网络食品新业态法律规制在全球居于领先水平

党的十八大以来，我国食品安全风险法治建设的一个重要特点，是基于“互联网+传统食品行业”的深度融合与发展来展开的。目前，我国网络食品领域的立法可以说走在了世界各国的前列，以新法关于网络食品专门条款为指导，在网络食品法律规制建设方面不仅形成了总体的规制思路，而且也有了具体可操作的规则体系。这对于依法促进网络食品业态发展、维护各方主体的合法权益具有积极的规则供给效应。以网络食品经营等为代表的食品新业态的法律规制方案

案例

上海“互联网+餐饮安全”监管

顺应“互联网+”经济发展趋势，除了对小餐饮等食品小微业态的备案登记管理外，已经有上海、浙江、山西、陕西、河南、湖南、黑龙江、辽宁等多省（直辖市）允许获得登记备案凭证的小餐饮入网经营，同时也正在探索有效的监管模式。这是食品安全风险治理立法和监管积极顺应“互联网+食品安全”的典型案例。

在上海，对以往入网餐饮单位的实地检查由各区市场监管所具体承担，经过“市—区—所”的层层分解和汇总，工作效率总体不高，每轮监测往往需耗时1～2个月。为提高通过监测发现问题的效率，减少区市场监管局线下实地检查的工作量，上海市食品药品监督管理局于2017年7月起与相关方面展开全面合作，采用调研平台“大人来也”在消费者中召集调研人员，对线上监测发现的疑似无证餐厅开展线下调研。相关方面完成复核后将数据上传到专有云端，市食药局随时访问云端，了解项目进度和复核数据，并据此要求各区局、所及时对问题餐饮单位进行现场督察处理，并对平台进行相应处理，其中涉及违法问题转交相关部门进行处理，不定期通过“上海发布”等权威媒体向社会公布相关结果。目前，上海松江区至少有2 000户从事网络餐饮服务单位纳入了此系统，提高了网络餐饮的监管效果。

资料来源：江南大学食品安全风险治理研究院提供。

和实施路径从模糊到清晰，是伴随新业态的发展而逐步深入的。以网络餐饮服务领域为例，整个网络餐饮服务业态的法律规制方案，与传统的线下餐饮相比，其食品安全的内核没有根本变化，仍然要以餐饮服务过程的规范化操作为基本保障，所变化的是需要更好地保障消费者的知情权、更好地保障配送过程的规范。只有在认识清楚这些新业态的运作逻辑后，法律规制方案才是适合的。

3.3 新时代保障进口食品安全法律法规体系建设的新进展

从2011年开始，我国成为世界上最大的食用农产品与食品的进口国，进口食品占到国内食品供应量的7.5%左右，进口食品已经成为我国消费者重要的食品来源。相对于国内食品，进口食品供应链更长、更复杂，涉及的责任主体更多，分布更广泛，加之受主权管辖、监管成本以及信息有限等多方面因素的制约，进口食品的安全监管成为新时代严守国门的一个重要任务。加强进口食品法律法规体系建设刻不容缓。经过五年来的努力，我国保障进口食品安全法律法规体系建设取得了一系列新进展，成为新时代食品安全风险法治体系建设的一个新亮点。

3.3.1 进口食品安全法律法规框架的新完善

改革开放以来，我国先后出台了一系列的进口食品安全监管法律法规。随着全球食品供应链条愈加复杂，全球性食品安全问题不断发生，国际贸易向个性化、碎片化方向发展，给食品安全监管带来了一系列新问题，比如信息技术革命催生了跨境电子商务的产生，由此使得进出口食品安全监管面临新的形势与挑战。2016年3月，第十二届全国人民代表大会第四次会议通过的《中华人民共和国国民经济和社会发展第十三个五年规划纲要》明确提出：“加强食品进口监管，建立更为完善的进口食品安全治理体系。”为了对进口食品实行更为有效的监管，我国陆续颁布了一些新的保障进口食品质量安全的法律法规和部门规章，同时结合现实发展需要对已有的相关法律法规进行了相应的修订。通过对一系列法律法规和部门规章的完善，在保障进口食品安全上逐渐筑建起了较为完善的监管体制机制。

党的十八大以来，对进口食品安全监管法律法规的完善主要体现在以下两个方面：第一，对已有涉及进口食品安全监管的相关法律法规的修订。主要有2013年对《进出口商品检验法》的修订、2015年对《食品安全法》的修订、2016年对《中华人民共和国食品安全法实施条例》的修订、2017年对《中华人民共和国进出口商品检验法实施条例》的修订等。这些相关法律法规的修订与完善为新形势下更好地对进口食品安全进行有效监管奠定了基础。第二，相继出台了一系列涉及进口食品安全监管的新的部门规章。比如2012年出台了《进出口食品安全管理办法》《进口食品境外生产企业注册管理规定》、2013年出台了《进出口乳品检验检疫监督管理办法》《有机产品认证管理办法》、2014年出台了《进口食品不良记录管理实施细则》、2015年出台了《进出境粮食检验检疫监督管理办法》《进境动植物检疫审批管理办法》《食品检验机构资质认定管理办法》、2016年出台了《进境水生动物检验检疫监督管理办法》、2017年WTO通报的国家质检总局提交的《进出口食品安全监督管理办法（草案）》等。这些新的部门规章的出台丰富了我国对进口食品安全的监管方式，为我国建立立体式、全覆盖的进口食品安全监管网络奠定了法治基础。

总体来看，党的十八大以来，基于我国现实国情，通过相关法律法规的不断完善，国家进口食品安全监管部门按照“预防在先、风险管理、全程管控、国际共治”的原则，牢牢把握全球化供应链食品安全责任配置主线，坚持安全第一，把握法治思维，贯彻共治理念，推进风险管理，构建了符合国际惯例、覆盖“进口前、进口时、进口后”三个环节的全过程监管的进口食品安全监管法律法规体系，有力地保障了我国进口食品的安全，取得了较为显著的成效。

3.3.2 新时代法律法规对进口食品监管的新要求

新法第六章“食品进出口”从原来的八个条款942个字增加为十一个条款1 803个字，对新时代我国进出口食品监管的相关法律进行了调整，提出了一系列新要求。

新法明确了进出口食品各个环节监管的主体责任。首先，强调国家出入境检验检疫部门是进出口食品的监管主体。新法第九十一条“国家出入境检验检疫部门对进出口食品安全实施监督管理”，该条为新条款，与第四条末句“国务院其他有关部门依照本法和国务院规定的职责，承担有关食品安全工作”呼应，以法律的形式授权检验检疫部门承担进出口食品安全监督的职能。其次，明确进口食品进入国内流通环节的监管主体为县级以上食品药品监督管理部门。新法第九十五条第二款“县级以上人民政府食品药品监督管理部门对国内市场上销售的进口食品、食品添加剂实施监督管理”，此条款为全新表述，进一步明确了在国内市场上销售的进口食品、食品添加剂的监管主体为各级食药监部门，划清了各职能部门对进口食品及其添加剂的监管界限，有利于各食品监管部门各司其职，避免互相推诿，提高监管效能。

新法加强了与检验检疫相关法律、法规及规章的衔接。首先，明确与商检法及其实施条例的联系。新法第九十二条第二款“进口的食品、食品添加剂应当经出入境检验检疫机构依照进出口商品检验相关法律、行政法规的规定检验合格”，该条为新增条款，明确了进口的食品、食品添加剂应当依照商检法及其实施条例中“进口商品的检验”的相关规定进行报检、检验，将进出口食品与进出口一般商品的监管相统一，有利于提高检验检疫日常监管工作效能。其次，吸纳了《进出口食品安全管理办法》等规章的内容。新法第九十二条第三款“进口的食品、食品添加剂应当按照国家出入境检验检疫部门的要求随附合格证明材料”，该条款属新增条款，将《进出口食品安全管理办法》第十二条的内容以法律的形式予以确认。新法第一百条“国家出入境检验检疫部门应当收集、汇总下列进出口食品安全信息，并及时通报相关部门、机构和企业”，该条款在原食品安全法第六十九条的基础上吸纳了《进出口食品安全管理办法》第四十二条内容，明确了需要收集汇总的进出口食品安全信息，操作性更强。

新法调整了出口食品监管模式。新法第九十九条“出口食品生产企业应当保证其出口食品符合进口国（地区）的标准或者合同要求”，改变了原食品安全法第六十八条“出口的食品由出入境检验检疫机构进行监督、抽检，海关凭出入境检验检疫机构签发的通关证明放行”，为此要求检验检疫部门要及时调整对出口食品的监管方式，通过境外通报、群众举报等方式加强对出口食品的后续监管，及时发现企业的不法行为，对相关企业实行监管。

新法规范了进出口食品的监管制度。首先，明确了行政许可项目，推行“一注册、两备案”许可制度。新法第九十六条“向我国境内出口食品的境外出口商或者代理商、进口食品的进口商应当向国家出入境检验检疫部门备案，向我国境内出口食品的境外食品生产企业应当经国家出入境检验检疫部门注册”。第九十九条第二款“出口食品生产企业和出口食品原料种植、养殖场应当向国家出入境检验检疫部门备案”。上述两条款明确了检验检疫部门对境外食品生产企业实行注册制度，对境外出口商或者代理商、进口食品的进口商及出口食品生产企业和出口食品原料种植、养殖场实行备案制度，明确行政许可的项目和范围，一方面应了当前中央提出的简政放权的要求，另一方面又能有针对性地加强对相关食品企业的监管，达到事半功倍的目的。其次，以法律形式明确了进出口食品监管实行“信息收集、风险预警、信用管理”制度，将目前进出口食品安全监管中采用的切实有效的信息收集、风险预警、信用管理等措施以法律的形式予以确定，增强了上述措施的权威性。

新法提高了对违法行为的处罚力度。新法第一百二十九条列举了进出口食品中的违法行为，并规定对违法行为除了没收违法所得，对货值金额不足一万元的，并处五万元以上十万元以下罚款（2009版《食品安全法》只规定并处二千元以上五万元以下罚款）；对货值金额一万元以上的，并处货值金额十倍以上二十倍以下罚款（2009版《食品安全法》只规定并处货值金额五倍以上十倍以下罚款）；对不按规定作好销售、审核记录的违法行为要处以警告、责令停产停业，没收违法所得，并处十万元以上五十万元以下罚款（2009版《食品安全法》只规定并处二千元以上二万元以下罚款）。同时新法第九十六条规定"已经注册的境外食品生产企业提供虚假材料，或者因其自身的原因致使进口食品发生重大食品安全事故的，国家出入境检验检疫部门应当撤销注册并公告"。上述规定都加大了企业的违法成本，增强了法律的威慑力，更有助于督促企业自觉遵守法律规定。

拓展阅读

进出口食品安全法律法规建设的民主化

2017年9月13日，国家质检总局在WTO发布《进出口食品安全监督管理办法（草案）》（以下简称《办法》）并征求意见，这次修订草案以《中华人民共和国食品安全法》为依据。修订草案共包含六章五十七条，包括总则、食品进口及监督管理、食品出口及监督管理、风险预警、法律责任、附则六部分。

《办法》明确，进出口食品生产经营者包括：向我国境内出口食品的境外出口商或者代理商、境外生产企业，进口食品的进口商，出口食品生产企业及出口商等。

《办法》规定，监管方式为质检总局组织各地出入境检验检疫部门及相关支持部门对进出口食品通过合格评定进行检验检疫监督管理。合格评定活动包括但不限于：出口国（地区）体系评估、境外食品生产企业注册、进出口商备案、检疫审批、出口国（地区）官方证书验证、随附合格证明材料核查、单证审核、现场查验、监督抽检、进口和销售记录检查等。

《办法》要求，进口的食品应当符合我国法律法规以及食品安全国家标准。进口尚无食品安全国家标准的食品，应当符合国务院卫生行政部门决定暂予适用的相关标准。新食品原料或利用新的食品原料生产的食品，应当经过国务院卫生行政部门安全性审查方可进口。

《办法》强调，向我国境内出口食品的境外食品生产企业应获得质检总局注册。需获得境外食品生产企业注册的产品目录由质检总局制定、调整，产品目录以及获得注册的企业名单应当公布。

资料来源：食品科技网，2017.《进出口食品安全监督管理办法》将出台 [EB/OL]. https：//www.tech-food.com/news/detail/n1362454.htm，中国医药报，9月19日.

新法突出了企业的质量主体责任。新法特别强调企业确保食品质量的主体责任。第九十四条“境外出口商、境外生产企业应当保证向我国出口的食品、食品添加剂、食品相关产品符合本法以及我国其他有关法律、行政法规的规定和食品安全国家标准的要求，并对标签、说明书的内容负责。进口商应当建立境外出口商、境外生产企业审核制度，重点审核前款规定的内容；审核不合格的，不得进口。发现进口食品不符合我国食品安全国家标准或者有证据证明可能危害人体健康的，进口商应当立即停止进口，并依照本法第六十三条的规定召回”。第九十九条“出口食品生产企业应当保证其出口食品符合进口国（地区）的标准或者合同要求”，明确了进出口食品相关企业要树立质量意识，确保进出口食品安全，否则将承担法律责任。

新法强化了与地方政府及相关部门的联动。新法第九十五条不仅规定了国家出入境检验检疫部门应当向国务院食品药品监督管理、卫生行政、农业行政部门通报境外发生的食品安全事件或者在进口食品中发现的严重食品安全问题，而且还规定了国务院食品药品监督管理部门应当及时向国家出入境检验检疫部门通报国内市场上销售的进口食品中存在的严重食品安全问题，明确了检验检疫部门与相关部门间的互联互通。通过与相关政府部门的互动，出入境检验检疫部门就能及时掌握进口食品的安全状况，更好地进行风险性评估，提高进出口食品的监管成效。

3.4 "史上最严"食品安全法的实施成效

党的十八大以来，尤其是以新法的颁布与实施以来，食品安全监管的行政机关与司法机关通力合作，通过各种有效途径，依法严厉打击危害食品安全犯罪行为，对保护百姓舌尖上的安全发挥了重要作用。

3.4.1 行政监管与司法部门依法惩处食品安全犯罪

食品药品监管部门严惩重罚（表3-1）。2014—2017年4年间，全国食品药品监管系统共查处食品（含保健食品）案件93.39万件，涉及物品总值21.8亿元，罚款金额59.77亿元，查处无证生产经营户75 496户，捣毁制假窝点2 818个，吊销许可证1 204件，移交司法机关7 019件。四年间，罚款金额增长180%，移交司法机关案件增长114%。

表3-1 2014—2017年全国食药监系统食品安全执法整治情况

年度	查处案件（万件）	罚款金额（亿元）	查处无证（户数）	捣毁制假窝点（个）	吊销许可证（件）	移交司法机关（件）
2014	25.46	8.53	34 925	1 106	637	1 149
2015	24.78	10.8	30 903	779	235	1 761
2016	17.45	16.54	7 816	365	146	1 655
2017	25.7	23.9	1 852	568	186	2 454
合计	93.39	59.77	75 496	2 818	1 204	7 019

资料来源：国家食品药品监督管理总局，《全国食品药品监管统计年报（2014—2017年）》。

公安系统出重拳下猛药。近年来，全国公安系统年均破获食品安全犯罪案件近2万起。2013年，全国公安机关破获食品犯罪案件3.4万起、抓获嫌疑人4.8万名，捣毁黑工厂、黑作坊、黑窝点1.8万个。2014年，全国公安系统在深入推进“打四黑除四害”工作的基础上，全面开展“打击食品药品环境犯罪深化年”活动，破获一系列食品药品重特大案件，共侦破食品药品案件2.1万起，抓获犯罪嫌疑人近3万名。2015年，全国公安系统侦破食品安全犯罪案件1.5万起，抓获犯罪嫌疑人2.6万余名，公安部先后挂牌督办重大案件270余起。2016年，公安部部署各地公安机关开展以食品药品领域为重点的打假“利剑”行动，全年共破获食品犯罪案件1.2万起，公安部挂牌督办的350余起案件全部告破，及时铲除了一批制假售假的黑工厂、黑作坊、黑窝点、黑市场，有效摧毁了一批制假售假的犯罪网络。

法院系统依法审判。近五年来，全国各级人民法院审结食品药品相关案件4.2万件，努力保障人民群众生命健康权和“舌尖上的安全”。2013年，全

拓展阅读

公安部公布2015年打击食药犯罪十大典型案例

2016年2月4日，公安部公布了2015年打击食药犯罪十大典型案例。其中，食品安全犯罪5起：①浙江海宁杨某等制售有毒有害蔬菜案，抓获犯罪嫌疑人9名，捣毁制售有毒有害蔬菜窝点4个，查扣有毒有害蔬菜10余吨、违禁农药80余瓶，案值达50余万元。②重庆垫江熊某等制售“地沟油”案，捣毁制售窝点7个，抓获涉案人员43名，查获生产线4条，查扣成品、半成品“地沟油”及加工废弃物原料80吨，案值8 000余万元。③山西晋城张某等制售病死猪肉案，抓获犯罪嫌疑人257名，打掉犯罪团伙3个，捣毁宰杀病死猪窝点8个，查封病死猪肉3 700千克，案值400余万元。④陕西渭南崔某等制售“毒面粉”系列案，抓获犯罪嫌疑人42名，现场查获过氧化苯甲酰2 200余千克，查扣含过氧化苯甲酰面粉34万余千克，案值700余万元。⑤上海虹口制售“宁老大”牌假牛肉案，抓获犯罪嫌疑人21名，打掉“宁老大”公司位于山西万荣县的制假工厂，查获疑似掺假牛肉制品及过期牛肉干、猪肉脯等10余吨，案值1 000余万元。

国法院系统受理危害食品安全犯罪案件2 366件，审结2 082件，生效判决人数2 647人，分别比2012年上升91.58%、88.42%、75.07%。2014年，新收涉嫌食品药品犯罪案件1.2万件，比2013年上升117.6%；其中，生产、销售有毒、有害食品罪4 694件，比2013年上升157.2%；生产、销售不符合安全标准的食品罪案件2 396件，比2013年上升342.8%。2015年，全年各级人民法院共审结相关案件1.1万件。

检察机关依法从严打击。全国检察机关与食品药品监管、公安等部门共同制定食品药品行政执法与刑事司法衔接工作办法，健全线索通报、案件移送、信息共享等机制，紧盯问题奶粉、地沟油、病死猪肉等人民群众反映强烈的突出问题，近五年来开展专项立案监督，挂牌督办986起重大案件；办理食品药品领域公益诉讼731件；起诉有毒有害食品等犯罪6.3万人，是前五年的5.7倍。2013年，全国各级检察机关起诉制售有毒有害食品、制售假药劣药等犯罪嫌

图说

近5年来全国检察院系统惩治食品药品安全犯罪的新成效

资料来源：最高人民检察院工作报告——2018年3月9日在第十三届全国人民代表大会第一次会议上。

疑人10 540人，同比上升29.5%；2014年，起诉制售有毒有害食品、假药劣药等犯罪16 428人，同比上升55.9%；2015年，建议食品药品监管部门移送涉嫌犯罪案件1 646件，监督公安机关立案877件，起诉危害食品药品安全犯罪13 240人；2016年，建议食品药品监管部门移送涉嫌犯罪案件1 591件，起诉危害食品药品安全犯罪11 958人。

3.4.2 建设"食药警察"专业队伍

2011年5月，辽宁省公安厅食品药品犯罪侦查总队正式成立，这是在全国省级公安机关中第一个成立的打击食品药品领域犯罪的专门机构。为贯彻习近平总书记食品安全"四个最严"的要求，2014年，包括上海、山西在内，各地纷纷推进食药打假专业侦查机构建设，打击食品药品犯罪专门机构如雨后春笋涌现。到2017年年底，全国省级公安机关专业食品药品犯罪侦查机构已达到23个，并且普遍在市级公安机关组建食药品犯罪侦查支队，在县级公安机关成立食药侦查大队，初步形成了自上而下的专业化打击食品药品犯罪的工作体系。以山东为例，山东省公安厅于2012年8月组建了"食品药品犯罪侦查总队"，于2013年1月更名为"食品药品与环境犯罪侦查总队"。目前，山东省137个县（市、区）编制部门共批复设立县级公安机关食品药品与环境犯罪侦查机构120个，全省共有专职民警866人、兼职民警100余人，山东省、市、县（市）三级专业化打击体系逐步健全和强化。随着省、市、县三级专业化打击体系的建立，各级食品药品与环境犯罪侦查部门主动打击、密切协作，不断深化"两法衔接"，最大限度发挥了打击食药犯罪的"尖刀"作用，侦办食药刑事案件数量逐年提升，以实际行动维护了人民群众的健康安全。

专门的食药犯罪侦查办案人员，被百姓形象地称为"食药警察"，这一新警种的设立使公安机关更加专业有效地打击食品药品制假售假行为。我国"食药警察"专业队伍从无到有，发展迅速，成为打击食品安全犯罪行为的专门力量。以山东省为例，"食药警察"专业队伍建设取得显著成效：①向基层延伸形成大格局，实现了食品犯罪侦查工作与公安基础工作的有机融合、与行政监管部门的有机结合、与社会治理体系的有效契合。一是融入基层派出所，依托派出所开展食品犯罪侦查安全宣传、基础信息摸排、情报信息搜集。二是融入立体化社会治安防控体系，依托“天网工程”建设，会同行政监管部门共同研判本地违法犯罪重点区域，主动对接新型城乡社区治安防控网建设，将相关企业、场所纳入网格管理范畴。三是与相关监管部门建立了公安机关主动介入式的联勤联动工作机制，在县级及乡镇、街道建立“联打办”和“联勤联动办公室”，实现了食药环侦工作在最基层扎根。②破解执法办案难题以形成有力保障，积极开展具有食品犯罪侦查特色的实战保障建设。一是解决检验鉴定“瓶颈”难题，在全国率先协调解决了涉案食品检验鉴定这一制约打击食品犯罪的瓶颈问题，筛选了9家机构作为省公安厅协议鉴定单位，依托警务云开发了

案例

山东省“食药警察”打击惩治食品安全犯罪成效显著

2015年山东省食药警察共立案侦办食品刑事案件2 230起，比2014年上升16.7%，抓获犯罪嫌疑人2 219人，涉案价值9 823万元。其间，联合开展了食品安全违法犯罪“百日行动”，重点打击肉制品、豆制品、调味品等8类问题较为突出的食品违法犯罪行为，共侦办食品犯罪案件505起，抓获犯罪嫌疑人623人，打掉“黑窝点”285个；针对老年人等特殊群体使用的保健食品存在的问题，全省组织开展了打击保健食品非法添加犯罪“利剑·Ⅰ号行动”，共侦破非法添加违禁药物成份的保健食品犯罪案件26起，涉案价值5 520万元；根据秋冬季节假劣肉制品犯罪高发的特点，全省组织开展了打击制售伪劣肉制品犯罪“利剑·Ⅱ号行动”，共发现制售假劣牛羊肉犯罪线索115条，据此侦破制售假劣肉制品犯罪案件14起，移交行政监管部门处罚19起，查扣假劣肉制品10余吨。提高了网络餐饮的监管效果。

资料来源：尹世久，吴林海，等，2016. 中国食品安全发展报告2016 [M]. 北京：北京大学出版社.

“涉案食品检验鉴定委托申报系统”。二是推进食品犯罪侦查“快检技术室”建设，形成了“快速抽检、锁定目标、固定证据、立案侦办”的工作模式，为公安机关及时打击食品犯罪提供决策依据。全省已有56个县级公安机关建设了“快检技术室”，据此筛查线索2 000余条，破获案件300余起，有力保障了工作的开展。三是切实发挥信息化支撑实战作用，研发了全省公安机关食品药品与环境犯罪侦查实战应用平台，开发了互联手机APP数据采集端口，向基层行政监管部门开放应用，提高了线索研判能力。

4 治理体系与治理能力现代化

习近平总书记指出："面对生产经营主体量大面广、各类风险交织形势，靠人盯人监管，成本高，效果也不理想，必须完善监管制度，强化监管手段，形成覆盖从田间到餐桌全过程的监管制度。我们建立食品安全监管协调机制，设立相应管理机构，目的就是要解决多头分管、责任不清、职能交叉等问题。定职能、分地盘相对好办，但真正实现上下左右有效衔接，还要多下气力、多想办法。"为全面贯彻习近平总书记的要求，党的十八届三中、四中、五中全会对推进食品安全风险治理体系与治理能力现代化均提出了明确的要求。党的十八大以来，以2013年3月启动的食品安全监管体制改革为起点，我国食品安全风险治理体系与治理能力现代化全面推进，食品安全风险治理体系改革的大格局、大脉络日益清晰，初步搭建了新时代食品安全风险治理体系改革大厦的梁柱，擘画了新征程上食品安全风险治理体系改革最为绚烂的蓝图，显现出鲜明的中国特色，体现出足够的理论自信和道路自信。

4.1 食品安全监管体制改革的新实践

食品安全监管体制在安全风险治理体系中处于最核心的地位。2013年3月启动的食品安全监管体制改革，是党中央在十八大后推进实施的具有全局性意义的重大改革举措，是以习近平同志为核心的党中央开始为推进食品安全风险治理体系与治理能力现代化建设而作出的重大部署。党的十八大以来，以职能转变为核心的大部制改革所形成的食品安全监管新体制，基本实现了由“分段监管为主，品种监管为辅”的监管模式向相对集中监管模式的转变，对探索与最终解决食品安全多头与分段管理、权责不清的“顽症”迈出了坚实的步伐，为深化食品安全监管体制改革积累了可贵经验。

4.1.1 地方政府食品安全监管体制改革的新探索

自2008年“三鹿奶粉”事件暴发以及2009版《食品安全法》出台以来，地方政府在食品安全监管中的角色和责任越来越重要，“食品安全地方政府负总责”的基本思路逐渐明确。为了推进改革，根据党中央的战略安排，国务院于2013年4月发布了《关于地方改革完善食品药品监督管理体制的指导意见》(国发〔2013〕18号)，对改革完善地方食品药品监督管理体制提出了更为明确的要求，并进一步强调“地方各级政府要切实履行对本地区食品药品安全负总责”，地方政府在食品安全监管机构改革与创新方面被赋予更大的权力。在食品安全监管责任对地方政府的强化与地方政府机构数、机构编制的刚性约束的背景下，地方政府激发了食品安全监管机构改革先行先试和大胆创新的积极性，形成了各具特色的改革模式[①]。

4.1.1.1 “直线型”食药监单列模式　自2013年4月起，大多数省份参照国发〔2013〕18号文件的要求，在省、市、县三级政府层面上将原食品安全委员会办公室、原食品药品监管部门、工商行政管理部门、质量技术监督部门的食品安全监督管理职能进行整合，组建食品药品监督管理局，对食品药品实行集中统一监管，同时承担本级政府食品安全委员会的具体工作。这一模式

① 本部分中相关食品安全监管模式的总结，请参见：吴林海，王晓莉，2015. 中国食品安全风险治理体系与治理能力考察报告［M］. 北京：中国社会科学出版社.

可称之为“直线型”食药监单列模式。2013年改革之初，除浙江等个别地区外，广西、北京、海南等绝大多数地区均采用了上述“直线型”的食药监单列模式。该模式整合了各相关监管部门原来承担的食品生产、流通和餐饮服务等环节的监管职责，通过相关部门间职能的整合将原来的多部门管理转变为食品药品监管机构的内部管理与协调，使职能更加互补，责任更可追究，有利于提升风险治理水平。

4.1.1.2 “倒金字塔型”的浙江模式　2013年12月，浙江省实施了食品安全监管机构改革，省级层面设立食品药品监督管理局，地市级层面自主进行机构设置，如舟山、宁波等市设立市场监督管理局，金华、嘉兴等市设立食品药品监督管理局，而在县级层面则整合了原工商、质检、食药监部门职能，组建市场监督管理局，保留原工商、质检、食药监局牌子。与浙江模式类似，安徽省也采取了这种基层统一、上面分立的“倒金字塔型”的机构设置模式。“倒金字塔型”的食品安全监管体制结构，既可以发挥各部门优势，又有利于整合市场监管执法资源，尤其是发挥原有乡镇工商所的优势，以较低的成本较为巧妙地解决了乡镇食药监管派出机构的设置与人员问题。

案例

2013年以来广西壮族自治区食品安全监管体制的改革成效

2013年启动新一轮食品安全监管体制改革以来，广西壮族自治区以推进食品安全风险治理体系与治理能力现代化为基本目标，初步形成了事权清晰、责任明确，覆盖城乡的食品安全风险治理体系。

1. 统一设置机构。在县级食药监管部门中，明确统一设置行政管理、稽查执法、投诉举报、综合协调等专业机构；统一按照“一乡镇（街道）一所”原则设立乡镇食药监管所。通过改革，全区食药监管新增了1 245个乡镇（街道）监管所，基本形成了覆盖城乡、统一权威的食药安全监管机构体系。

2. 统一明确编制的刚性指标。明确要求县级食药稽查执法机构、乡镇街道监管所编制原则上分别不低于15名、3～5名，并规定对人口较多或产业发达、网点密集、监管任务重的地方，可以根据当地实际情况再适当增加人员编制。通过改革，全区系统核定编制共11 128名，比改革前增加8 066名。其中行政编制2 579名、使用事业编的市县级稽查队伍编制2 256名、乡镇（街道）监管所核编5 004名、检验检测机构等技术支撑机构有编制1 289名。县乡食药监管机构人员编制占全系统的81.4%，实现了监管力量的重心下移。同时，每个行政村、城镇社区至少聘任食品药品安全协管员1名。

3. 统一规定乡镇（街道）监管所的建设标准。从实际出发，要求按照“十个一”标准（一处相对独立的办公场所、一辆执法车、一套快检设备、一部投诉电话、一部传真机、一台复印机、一台摄像机、一部照相机、每人一台电脑、一台打印机）建设镇（街道）监管所，为全区所有乡镇街道监管所解决了办公场所、配备执法设备等方面存在的困难，初步打通了监管能力配置的“最后一公里”。

资料来源：江南大学食品安全风险治理研究院提供。

4.1.1.3 “纺锤型”的深圳模式　早在2009年的大部制机构改革中，深圳市整合了工商、质检、物价、知识产权的机构和职能，组建了市场监督管理局，后来又在市场监督管理局中加入食品药品监管职能。2014年5月，深圳进一步深化改革，组建市场和质量监督管理委员会，下设深圳市市场监督管理局、食品药品监督管理局与市场稽查局，相应在区一级分别设置市场监管和食品监管分局作为市局的直属机构，在街道设立市场监管所作为两个分局的派出机构形成典型的上下统一、中间分开的“纺锤型”结构。深圳模式的特色在于，以行政分权为基础，将决策权和执行权相分离，在统一市场监管执行机构上设置相应的委员会，由委员会行使决策与监督权，统一的市场监管机构行使执行权，采取分类监管模式，突出食品药品监管专业性，同时统一了政策制定和监管执法队伍，解决多头执法问题，有利于减轻市场主体负担、提升监管公平性。上海、吉林等地在基层市场监管局下单独设置专门的食品药品监管分局

(稽查大队)，其作为直属的二级局集中专业力量监管食品安全，亦属于“纺锤型”统分结合模式。

4.1.1.4 “圆柱型”的天津模式　2014年7月，天津实施食药、质检和工商部门“三合一”改革，成立天津市市场和质量监督管理委员会，并从市级层面到区、街道（乡镇）自上而下地全部进行“三合一”改革，整合了市食药监局、市工商局、市质监局的机构和职责，以及市卫生局承担的食品安全监管的有关职责，街道（乡镇）设置市场监管所作为区市场监督局的派出机构，原所属食药、质检和工商的执法机构由天津市市场监管委员会垂直领导，形成了全市行政区域

拓展阅读

国发〔2014〕20 号文件的主要精神

2014年6月4日，国务院印发《关于促进市场公平竞争维护市场正常秩序的若干意见》(国发〔2014〕20号)，要求“贯彻落实党中央和国务院的各项决策部署，围绕使市场在资源配置中起决定性作用和更好发挥政府作用，着力解决市场体系不完善、政府干预过多和监管不到位问题，坚持放管并重，实行宽进严管，激发市场主体活力，平等保护各类市场主体合法权益，维护公平竞争的市场秩序，促进经济社会持续健康发展。”国发〔2014〕20号文提出了完善市场监管体系，促进市场公平竞争，维护市场正常秩序的总体目标：“立足于促进企业自主经营、公平竞争，消费者自由选择、自主消费，商品和要素自由流动、平等交换，建设统一开放、竞争有序、诚信守法、监管有力的现代市场体系，加快形成权责明确、公平公正、透明高效、法治保障的市场监管格局，到2020年建成体制比较成熟、制度更加定型的市场监管体系。”国发〔2014〕20号文对完善县级政府市场监管体系提出了明确要求：“加快县级政府市场监管体制改革，探索综合设置市场监管机构，原则上不另设执法队伍。乡镇政府（街道）在没有市场执法权的领域，发现市场违法违规行为应及时向上级报告。经济发达、城镇化水平较高的乡镇，根据需要和条件可通过法定程序行使部分市场执法权。”

内垂直管理的“圆柱型”监管模式。天津改革是在简政放权、放管结合、优化服务的大背景下实施的，目标是在一个部门负全责、一个流程优监管、一支队伍抓执法、一个平台管信用、一个窗口办审批、一个中心搞检测、一条热线助维权等七个重点方面下工夫、见成效。天津模式较之于浙江模式和深圳模式，具有更高的整合程度，实现了从市级到区县、乡镇街道垂直统一的市场监管。

随着中国特色社会主义市场经济改革的不断深入，为了全面贯彻以习近平总书记为核心的党中央的战略意图，2014年6月，国务院印发《关于促进市场公平竞争维护市场正常秩序的若干意见》（国发〔2014〕20号），提出要加快县级政府市场监管体制改革，探索综合设置市场监管机构。配合着地方政府职能转变和机构改革，本着加强基层政府市场监管能力的需要，在贯彻执行国发〔2013〕18号文件精神的同时，越来越多的地方政府进一步探索食品安全大市场监管模式，组建统一的市场监管机构，为2018年实施新的改革奠定了极其重要的实践基础。

4.1.2 食品安全监管体制改革的新成效

改革开放到2013年，我国的食品安全监管体制经历了1982年、1988年、1993年、1998年、2003年、2008年、2013年七次改革，基本上每五年为一个周期。与历次改革相比较，2013年启动的食品安全监管体制改革迈出了全程无缝监管的新步伐，标志着我国食品安全监管体制初步进入了相对集中监管体制的新阶段。改革形成的农业农村部和食品药品监管总局集中统一监管体制，更好地理顺了部门职责关系，有助于强化和落实监管责任，实现全程无缝监管，形成整体合力，提高行政效能。历经五年，食品监管体制改革取得了一系列新的成效，探索了具有中国特色的食品安全风险治理体系的新道路。

4.1.2.1 统一权威的食品安全监管机构初步建立　食品安全监管“九龙治水”的格局初步得到改变。从全国范围来看，各地新的食品药品监管体系初步建立，省、市、县三级职能整合与人员划转已基本到位，覆盖省、市、县、乡的四级纵向监管体系基本形成，乡镇、社区普遍建立食品安全协管员队伍。虽然地方政府食品安全监管机构设置模式存在较大差异，但均成立了专门机构或队伍承担了食品安全监管工作，实施"三合一"或"多合一"的市场监管局均将食品安全监管作为其首要的监管任务，统一权威的食品安全监管体系初步建立。

4.1.2.2 食品安全"地方政府负总责"得到有效贯彻　地方政府均将食品安全纳入各自国民经济和社会发展规划，纳入党委政府年度综合目标考核之中，而且在诸多地区食品安全考核权重在地方政府考核体系中的权重均占有重要地位。尤其是在国家食品安全示范创建城市，所占权重均不低于3%。地方党委和政府均能定期专题研究食品安全工作，研究解决食品安全工作存在的突出问题，并普遍将食品安全监管经费纳入财政预算，预算增幅普遍高于同期经常性财政收入增长幅度[①]。

4.1.2.3 食品监管队伍不断壮大　经过2013年的新一轮食品安全监管体制改革，全国食品药品监管机构有所增长，尤其是基层监管机构数量增长较快，截至2015年11月底，全国共有食品药品监管行政事业单位7 116个，乡镇（街道）食品药品监管机构21 698个。食品监管队伍不断壮大，区县级以上食品药品监管行政机构共有编制265 895名，比上年增长95.6%。其中，省级、副省级、地市级和区县（市）级（县级含编制在县局的乡镇机构派出人员）分别比上年增长7.1%、96.9%、33.1%和107.7%，有效保障了监管能力的提升[②]。

4.1.2.4 确立了监管重心下移的体制　在改革后的食品安全监管体制中，县级食品监督管理机构普遍在乡镇、街道或区域设立派出机构，基层监管力量实现了从无到有，填补了历史上基层食品安全监管的空白，基层食品监管能力在监管资源整合中得到加强。在农村行政村和城镇社区普遍建立起食品安全协管员队伍，承担协助执法、隐患排查、信息报告、宣传引导等职责，推进

① 李锐，吴林海，等，2017．中国食品安全发展报告2017［M］．北京：北京大学出版社．

② 吴林海，王晓莉，等，2015．中国食品安全风险治理体系与治理能力考察报告［M］．北京：中国社会科学出版社．

了食品安全风险治理关口前移、重心下移，逐步形成了食品监管横向到边、纵向到底的工作体系。

声音

朱毅（中国农业大学副教授）：从顶层设计上看，2013年组建国家食品药品监督管理总局，由“九龙治水”转向“一龙治水”，这是最大的亮点。国务院的机构改革，把名目繁多的监管机构化整为零，把散落在农业、质检、工商、商务、卫生等部门的监管职能全部吸纳到一起，并使之进入食药监总局。从局到总局，从副部到正部，在这个过程当中，权力在加强和集中，人员也在加强、增多。从顶层设计层面上看，为备受诟病的“九龙治水”画上了一个句号，开启了食品安全监管中国化道路。

4.1.2.5 食品综合协调能力不断提升　　完善了食品安全监管部门间信息共享机制、专项整治联合行动机制、风险监测通报会商机制，应急处置协同机制等，部门间配合协作能力有很大提升，监管职责交叉和监管空白并存的局面基本得到改善。行政部门间、司法部门间、行政与司法部门间的协调配合机制初步形成，基本建立起食品案件线索共享、案件联合查办、联合信息发布等工作机制，初步建立了地方行刑衔接的机制，行政执法与刑事司法衔接协调性实现提升。

4.1.3 新时代食品安全监管体制的新改革

改革没有休止符，改革永远在路上。2013年以来推进的食品安全监管体制的改革虽然取得了显著的成效，但随着社会主义市场经济体制改革的不断深化，食品安全监管体制深层次的问题不断显现。如，食品安全监管中“多头分管、责任不清、职能交叉”等监管碎片化问题仍未彻底解决，基层监管“人少事多”“缺枪少炮”的矛盾仍然较为突出，而且机构设置模式多元化，仍然存在监管体制不顺畅、机构设置和职责划分不科学、职能转变不到位等现象，与中央“完善统一权威的食品药品安全监管机构”的要求仍然有较大的差距。这些问题，必须通过深化改革加以解决。

4.1.3.1 新的改革的战略意图　今朝襄盛会，华夏谱新篇。在中国特色社会主义进入新时代的关键时期，党的十九大站在历史和全局的新高度，做出了深化机构和行政体制改革的决定，并经党的十九届三中全会进一步细化，第十三届全国人民代表大会第一次会议审议、讨论、表决等法定程序，国务院正式启动实施机构改革方案。2018年3月21日，国家市场监督管理总局正式成立并开始履行职责，原国家工商总局、国家质量监督检验检疫总局、国家食品药品监督管理总局撤销。组建后的国家市场监督管理总局，作为国务院直属机构。在我国经济社会正在发生深刻变革的背景下，组建国家市场监管总局的主要战略意图是从根本上解决原有市场监管体制与新时代市场经济发展不相适应问题，强化市场监管、完善政府治理。通过体制改革进一步整合优化行政资源，维护市场经济高效运行，推动统一开放、竞争有序的现代市场体系建设，提高食品安全监管能力，进而推进国家食品安全风险治理体系和治理能力现代化。

4.1.3.2 新的改革源自于基层实践　新时代深化食品安全监管体制的新改革，也是基层实践转化为顶层设计的成功探索。这一轮食品安全监管机构改革的一个最大的特点是充分吸收基层的改革经验。2014年6月以来，为了全面贯彻执行《关于促进市场公平竞争维护市场正常秩序的若干意见》（国发〔2014〕20号）精神，越来越多的地方政府开始探索在县级及以下层面将工商、质监、食药等部门采取“二合一”或“三合一”（甚至“多合一”）的模式，组建统一的市场监管机构。到2017年2月，已经有三分之一以上的副省级城市、四分之一的地级市、三分之二以上的县实行了市场综合监管模式。与此同时，2015年4月，中央机构编制委员会办公室中确定在全国22个省、自治区、直辖市的138个试点城市开展综合行政执法体制改革试点。地方政府在基层进行的食品安全大市场监管实践，138个试点城市开展的综合行政执法体制改革试点，较好地统合工商、质监、食药等市场监管领域的多个执法力量，初步解决了基层食品安全多头执法、重复执法的问题，加强了基层食品安全监管力量，推进了食品安全风险治理关口前移、重心下移。这次机构改革充分吸收基层经验，整合优化市场监管重要领域监管职能，完善了国家层面制度设计。

案例

广西东兴市综合行政执法体制改革试点

2015年4月，中央机构编制委员会办公室确定在全国22个省、自治区、直辖市的138个试点城市开展综合行政执法体制改革试点，广西壮族自治区的东兴市是其中之一。东兴市坚持把机构改革与商事制度改革有机结合，先行先试、改革创新，将工商、食药监、质监及物价部门的4个政务服务窗口，整合为1个市场监督管理局窗口，实行“一个窗口办理办结”的办法，精简了办事流程，有效解决了分头受理等问题，促使企业设立办理时限由原来的15个工作日缩减至3个工作日，企业变更、注销登记办理时限由原来的6个工作日缩减至1个工作日，行政审批效率提升70%，有效地方便了市场主体。与此同时，积极培育发展多元化市场主体，打造国际化、便利化营商环境，创新越南自然人入驻互市区经营的管理模式，创新互市贸易结算方式，创造性开展边民互助组登记管理，推动边民参与互市贸易，扩大社会就业，促进边民增收和脱贫致富，着力推动跨境贸易创新发展。2017年12月21日，该局荣获广西自治区工商行政管理系统集体二等功。

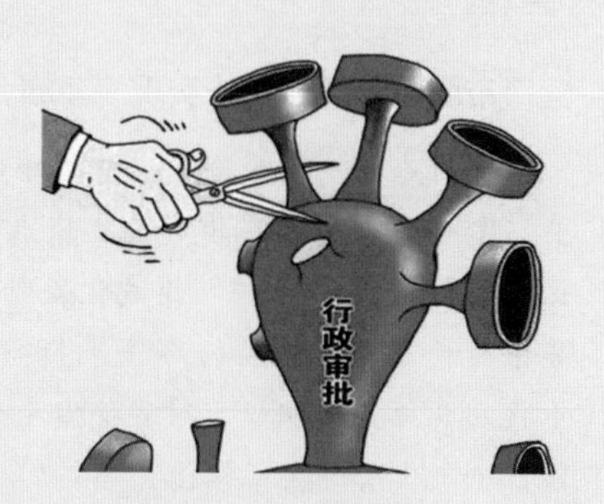

资料来源：江南大学食品安全风险治理研究院提供。

4.1.3.3 新的改革将有望解决长期以来悬而未决的难题　工商部门的管理体制相对完善，队伍体系比较完整，基层工商所工作规范化、标准化程度较高。但是随着市场经济制度体系的日益完善，原工商部门的管理和执法职能相较以前弱化趋势明显。2013年食品安全监管体制改革后，食品安全基层监管力量不足等短板仍然未能得到彻底解决，而基层工商部门沉淀了大量工作力量，人力资源闲置问题非常突出。因此，依托较为完备的工商队伍，借助基层工商所原有延伸到城市街道与农村乡镇的力量，推动基层组建大市场监管机构，可以在编制总量控制的前提下，实现人员编制的低成本转移，整合组建基层监管机构，有效解决基层执法力量不足问题，进一步落实食品安全监管“重

案例

营口市场监管综合执法实现“多帽合一”

部门分割、多头检查、重复检查、多头执法等问题，一直是困扰企业、影响营口营商环境的痛点堵点。2017年10月，辽宁自贸区营口片区管委会推出“16+X”集成化监管执法，组建市场监管综合执法机构，集中行使工商、质监、环保等16个部门的相关行政职权和片区管委会承接的其他监管职权，对多种检查项目、时间统筹安排，实现“一支队伍，一次出动，全面体检”。

监管执法“多帽合一”，关键要实现各执法部门的职能整合和流程再造。营口片区按照“求大同、存小异”的原则，形成了执法主体、执法文书、执法程序等“十个统一”。原来，16个领域涉及法律法规规章近千部、法定职责近两千项、处罚程序规定891条、行政处罚文书579种、执法人员234人，实施“16+X”集成化监管执法后，统一整合形成权力清单1 469项、行政处罚程序70条、执法文书66种，执法人员36人。

“多帽合一”是用有效的“管”保障有力的“放”。过去的分段监管，要么缺位，要么重叠。“16+X”集成化监管执法不仅填补了监管环节连接处的“真空”，也明确了包容式监管的基本原则。即对一般性生产经营行为和非主观故意、轻微违法行为实行监管容忍，对潜在风险大、社会风险高的领域实行监管严控，真正实现政府职能转变。

心下移、力量下沉、保障下倾”。统一的市场监管体制改革还有助于理顺上下贯通的问题。在2013年食品安全监管体制的改革中，地方政府自主创新，但各地改革方案不统一，产生了监管机构名称标识不统一、执法依据不统一、执法程序不统一、法律文书不统一等问题，直接影响了监管效果。同时，很多地方在县级层面建立了市场监管部门，上一级仍是食品药品监管、工商、质检等部门，上级多头部署，下级疲于应付，存在不协调等情况，直接影响到了基层日常监管工作的有效开展。新的改革要求，市场监管局专司市场监管和行政执法，执行国家竞争政策，属于涉及市场统一的机构，宜上下对口设置，确保上下贯通、执行有力。因此，统一的市场监管体制改革完成后，这些问题都有望得到根本性改善。

4.2 食品安全风险治理能力建设

食品检验检测技术体系、风险评估与监测体系是食品安全风险治理体系的重要组成部分，是食品安全风险治理的重要技术保障，是中国特色食品安全风险治理能力构成体系中最基本、最直接的两个子系统，具有不可替代的关键作用，其建设水平内在地直接决定了食品安全风险治理能力。

4.2.1 食品安全检验检测体系与能力建设

2013年3月，国务院发布的《国务院关于地方改革完善食品药品监督管理体制的指导意见》（国发〔2013〕18号）要求在整合监管职能和机构的同时，有效有序地整合技术资源。此后，国家食品药品监督管理总局、农业部等相关部委根据国务院的指导意见，基于监管需求出台了系列文件，对全国范围内的食品安全检验检测体系与能力建设作出了全面安排。

国务院要求参照《国务院机构改革和职能转变方案》中关于“将工商

行政管理、质量技术监督部门相应的食品安全监督管理队伍和检验检测机构划转食品药品监督管理部门”，省、市、县各级工商部门及其基层派出机构要划转相应的监管执法人员、编制和相关经费，省、市、县各级质监部门要划转相应的监管执法人员、编制和涉及食品安全的检验检测机构、人员、装备及相关经费，具体数量由地方政府确定，确保新机构有足够力量和资源有效履行职责。同时，整合县级食品安全检验检测资源，建立区域性的检验检测中心。经过新一轮的改革和整合，截至2015年年底，全国食品药品监督管理系统内的食品药品（含食品、保健食品、药品、化妆品、医疗器械，下同）检验检测机构达到1 054家。按行政层级来看，食品药品监督管理总局直属检验机构1家；省级与副省级、地市级、县级的检验机构分别有88家、361家、604家，分别占所有检验检测机构总数的8.35%、34.25%、57.31%。全国食品药品监督管理系统内检验机构的人员编制共计29 638人，编制到岗率为82.3%。与此同时，检验队伍年龄梯队较为合理，有充足的中青年力量；技术岗位人员占76%，符合检验机构的技术特征；高级职称约占20%、硕士和博士共约占20%，表明检验检测人才队伍的素质总体较高[①]。

为进一步加强食品检验检测体系建设，更好地发挥检验检测技术支撑的重要作用，国家食品药品监管总局于2015年1月23日印发了《关于加强食品药品检验检测体系建设的指导意见》（食药监科〔2015〕11号），提出到2020年，建立完善以国家级检验检测机构为龙头，省级检验检测机构为骨干，市、县级检验检测机构为基础，科学、公正、权威、高效的食品药品检验检测体系，充分发挥第三方检验检测机构的作用，检验检测能力基本满足食品监管和产业发展需要。

① 吴林海，王晓莉，等，2015．中国食品安全风险治理体系与治理能力考察报告［M］．北京：中国社会科学出版社．

4.2.2 食品安全风险监测与评估

2015版《食品安全法》第二章第十四条规定，国家建立食品安全风险监测制度，对食源性疾病、食品污染以及食品中的有害因素进行检测。且第十七条明确规定，国家建立食品安全风险评估制度，运用科学方法，根据食品安全风险监测信息、科学数据以及有关信息，对食品、食品添加剂、食品相关产品中生物性、化学性和物理性危害因素进行风险评估（图4-1）。食品安全风险监测与风险评估在食品安全风险治理中具有举足轻重的地位。到2016年为止，全国共设立食品安全风险监测点2 656个，覆盖所有省、地市和92%的县级行政区域，初步建立了国家、省级、地市级和县（区）级4层架构形成的立体化食品安全风险监测网络；风险监测品种涉及粮食、蔬菜、水果、水产品等百姓日常消费的30大类食品，囊括300多项指标，累计获得1 500多万个监测数据；基本形成了涵盖食品污染和食品有害因素监测以及食源性疾病监测，包含常规监测、专项监测、应急监测和具有前瞻性的监测的国家风险监测计划体系；基

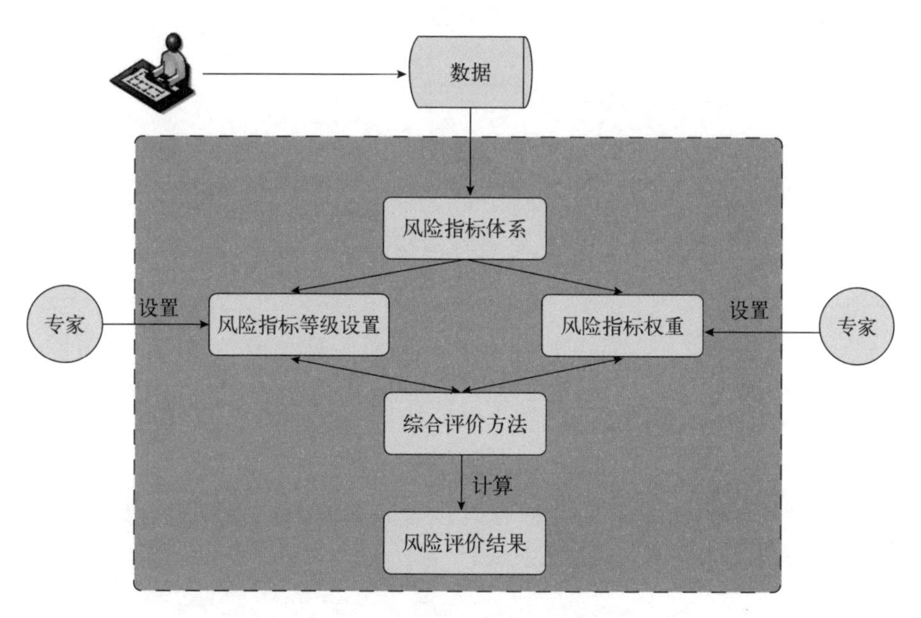

图4-1　食品安全风险评价流程

本形成了涵盖农业生产、食品加工、产品流通、餐饮消费、网购食品等全面覆盖、重点突出的风险区域监测格局；基本形成了涵盖食品污染物与食源性致病菌的动态风险监测数据库。

图说

食品安全风险风险框架监测、风险评估与风险交流

食品安全风险监测、风险评估以及风险交流是食品安全风险分析的重要组成部分。其中，食品安全风险监测，是指通过系统和持续地收集食源性疾病、食品污染以及食品中有害因素的监测数据及相关信息，并进行综合分析和及时通报的活动。食品安全风险评估，是指对食品、食品添加剂中生物性、化学性和物理性危害对人体健康可能造成的不良影响所进行的科学评估，包括危害识别、危害特征描述、暴露评估、风险特征描述等。食品安全风险交流是在风险分析全过程中，风险评估人员、风险管理人员、消费者、企业、学术界和其他利益相关方就某项风险、风险所涉及的因素和风险认知相互交换信息和意见的过程，内容包括风险评估结果的解释和风险管理决策的依据。

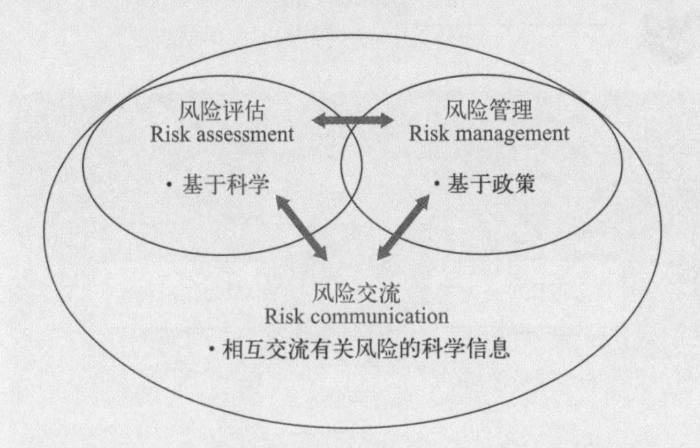

资料来源：陆姣，吴林海，2018．中国食源性疾病的风险特征研究[M]．北京：社会科学文献出版社．

风险评估是风险管理的基础，也是风险交流的信息来源。具体而言，风险评估是对食品生产、加工、保藏、运输和销售过程中所涉及的各种食品安全风险对人体健康不良影响的科学评估，是政府制定食品安全法规、标准和政策的主要基础。2015版《食品安全法》中规定了国家层面的食品安全风险评估制度。2009年12月8日，当时的卫生部成立了国家食品安全风险评估专家委员会。2011年10月13日，卫生部成立“国家食品安全风险评估中心”，作为食品安全风险评估的国家级技术机构，负责承担国家食品安全风险的监测、评估、预警、交流和食品安全标准等技术支持工作。之后，开始筹建省级食品安全风险评估分中心。2012年广西、甘肃建成省级食品安全风险评估中心，2014年国家食品安全风险评估分中心落户上海，云南、陕西等地也正在积极筹建独立的食品安全风险评估中心。

4.3 食品安全社会共治体系的创新实践

正如英国诗人约翰·多恩所写的：“没有人是一座孤岛，可以自全。每个人都是大陆的一片，整体的一部分。”在保卫食品安全的道路上，每个社会个体都是肩并肩的同行人，应当好食品安全的“守门员”。万人操弓，共射其一招，招无不中。让食品安全更令人放心，需要全社会参与共管，需要每个人参与共治，在生产、流通、消费等各个环节拧紧“安全阀”。在总结国际经验与我国长期实践的基础上，2015版《食品安全法》以法律的方式，把“社会共治”确立为我国食品安全风险治理的主要原则之一。党的十八大以来，全国各地积极探索政府、市场、社会共同参与的食品安全风险社会共治的方法与路径，尤其在加强食品安全宣传教育、畅通社会监督渠道、促进食品安全风险交流、健全食品安全诚信体系、推动行业自律、完善消费追偿机制、试行食品安全责任保险制度等方面进行了卓有成效地创新探索，拓展了社会共治渠道，创新共治方式，政府监管"一条腿走路"的单中心模式正在逐步改变，社会共治格局正在逐步形成。

4.3.1 食品安全风险治理思路的重大转变

党的十八大以来，面对国内外政治、经济、社会发展的新形势、新任务、新要求，习近平总书记以马克思主义的巨大理论勇气和政治远见卓识，提出了一系列加强和创新社会治理的新思想、新观点、新论断。他深刻指出："加强和创新社会治理，关键在体制创新。"一是创新社会治理体制。要建立健全党委领导、政府主导、社会协同、公众参与、法治保障的社会治理体制，确保社会既充满活力又和谐有序。二是创新社会治理方式。习近平同志指出：社会治理是一门科学。随着互联网特别是移动互联网发展，社会治理模式正在从单向管理转向双向互动，从线下转向线上线下融合，从单纯的政府监管向更加注重社会协同治理转变。我们要深刻认识互联网在国家管理和社会治理中的作用。三是创新社会治理机制。要建立健全党委领导和政府主导的维护群众权益机

声音

尹世久（曲阜师范大学食品安全治理政策研究中心教授）：打造共建共治共享的食品安全治理新格局，是由食品安全的"公共产品"属性决定的，是新时代提升食品安全保障水平的基本途径。社会共治不仅可以提高治理效能，解决相对有限的监管资源与相对无限的监管对象之间突出矛盾的重要路径，而且能够促进治理公开、透明，有助于提升公众的食品安全信心与满意度。唯有"共建共治"，才能实现"共享"。全面贯彻党的十九大精神，以法治为保障，以推进食品安全风险治理体系与治理能力现代化为主线，打造共建共治共享的食品安全治理新格局，方能在新的历史时期构筑起食品安全的坚固防线，让人民吃得放心。

资料来源：尹世久，高杨，吴林海，2017. 构建中国特色食品安全共治体系 [M]. 北京：人民出版社.

制、社会利益协调机制、预防和化解社会矛盾机制、社会风险评估机制、突发事件监测预警机制，保证社会治理的常态化、长效化、社会化、智能化。

由于食品安全风险治理的复杂性、艰巨性与主体的多样性，改革开放以来，我国在食品安全风险体系构建的实践过程中，深刻认识到，食品安全风险必须依靠各个参与主体在法律法规的框架下基于各自的职能，有效分工，相互合作，组合性地协同运用政府监管、市场激励、技术治理、社会监督、信息发布等工具，实现社会共治，才能够保障最优的食品安全水平，实现社会福利的

案例

上海市民食品安全知晓程度达到历史新高

上海市食品药品监督管理局联合发布的《2017年上海市食品安全状况报告》显示,2017年通过加大宣传力度，创建国家食品安全示范城市、建设市民满意的食品安全城等各项措施的开展，上海市民食品安全知晓程度明显提高，达到了82.5分的历史新高，比2016年增加2.3分。从近几年来上海市民食品安全知晓程度的变动情况来看，自2010年达到79.6分之后，一直稳定处于80分上下1分的区间运行，且整体呈现稳中有升、震荡上行的趋势。

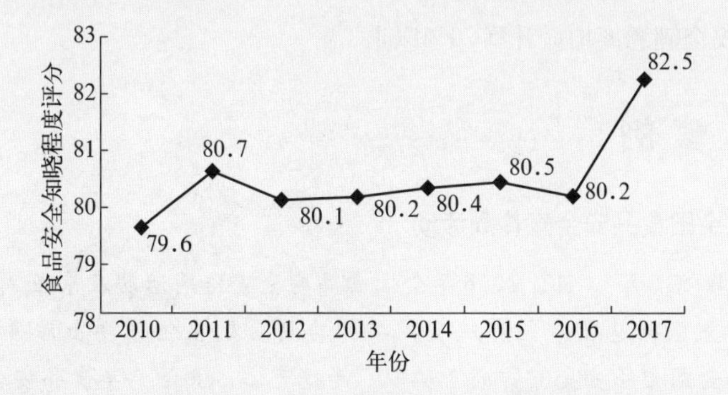

资料来源：上海市食品监督管理局，2018。2017年上海市食品安全状况报告 [EB/OL]. http：//www.shfda.gov.cn/gb/node2/yjj/xxgk/syjnb/spaqbps/index.html，1月23日.

最大化。食品安全属于公共社会安全。为此，以习近平总书记创新社会治理的新思想、新观点、新论断为遵循，2015版《食品安全法》以法律的形式明确了我国食品安全工作实行“社会共治”的原则，并在相关具体条款中着力体现这一原则。这是我国食品安全风险治理思路的重大转变，具有里程碑式的重大意义，必将对我国食品安全风险治理起到重要的推动作用。

4.3.2 公众参与食品安全风险社会共治

2013年以来，国务院食品安全委员会办公室联合多个部门连续5年举办“全国食品安全宣传周”活动，以多种形式、多个角度、多条途径，面向社会公众，有针对性地开展风险交流、普及科普知识活动，累计覆盖7亿多人次，公众食品安全意识和社会参与度进一步提高。从全国范围来看，各地普遍注意加强食品安全宣传教育体系建设，提高社会公众食品安全意识。通过在基层设立食品安全工作站、在媒体开设食品安全知识宣传专栏、开展食品安全知识“进校园、进企业、进社区”活动等丰富多彩的宣传教育形式，宣传食品安全知识和政府监管成效，群众的食品安全知识知晓率和满意度普遍提升。尤其是开展国家食品安全示范城市的创建地区，公众食品安全科学素养更是有很大提高，食品安全满意度均提升到70%以上。

案例

2016年全国食品安全宣传周活动

2016年6月14日，2016年全国食品安全宣传周活动在京正式启动。时任国务院副总理、国务院食品安全委员会副主任汪洋出席并讲话。2016年全国食品安全宣传周活动以“尚德守法，共治共享食品安全”为主题，既传承发扬了食品安全领域“尚德守法”的永恒主题，又与时俱进地加入了“共治共享”的发展理念，体现了全社会为维护“舌尖上”的安全所做的不懈努力。汪洋指出，食品安全没有“零风险”，但监管必须“零容忍”。百分之一的食品安全风险，落到一个消费者、一个家庭头上，都是百分之百的不安全。因此，我们必须践行以人民为中心的发展思想，坚持人民利益至上，坚持创新、协调、绿色、开放、共享发展，坚持德法并举、社会共治，加快推进食品安全治理现代化，确保“产”得安全、“管”得到位，切实防范食品安全风险，让人民群众早日共享食品安全发展成果。

全国各地纷纷开通“12331”食品投诉举报电话，大力推行食品安全有奖举报制度。目前，覆盖国家、省、市、县四级的投诉举报业务系统初步建成，基本实现网络24小时接通，电话在受理时间内接通率普遍超过90%。公众食品投诉举报的知晓率不断提高，维权意识和投诉举报积极性迅速增长。

案例

山东省公众参与食品安全投诉举报的调查

我国自2011年起开始试行食品药品投诉举报制度，国家食药总局于2016年正式施行《食品药品投诉举报管理办法》（国家食品药品监督管理总局令第21号）。山东省于2012年出台实施了《山东省食品安全举报奖励实施办法（试行）》，开通了“12331”投诉举报电话，并逐步建立起“12331”网站、信函、来访、传真、微信等于一体的投诉举报体系。近年来，公众对食品安全日益关注，对“12331”热线等投诉举报的知晓度不断提高，电话、网络等投诉举报方式日益便捷，全省投诉举报数量逐年攀升。2016年，全省受理公众食品投诉举报50 319件，同比增长21.32%。公众投诉举报数量的持续增长，对防范食品安全风险起到了重要作用。

资料来源：江南大学食品安全风险治理研究院提供。

4.3.3 社会组织与新闻媒体参与食品安全社会共治

党的十八大以来，以习近平总书记为核心的党中央高度重视社会组织建设。为了加快社会组织的发展，2016年8月，中共中央办公厅、国务院办公厅印发《关于改革社会组织管理制度促进社会组织健康有序发展的意见》。在中央精神的指导下，以中国食品工业协会、中国乳制品工业协会、中国肉类协会、中国保健协会、中国豆类协会、中国消费者行业协会等为代表的一批食品行业社会组织的改革与发展取得了显著成效，对食品安全风险社会共治体系的建设发挥了不可替代的作用。

拓展阅读

《关于改革社会组织管理制度促进社会组织健康有序发展的意见》

2016年8月，中共中央办公厅、国务院办公厅印发《关于改革社会组织管理制度促进社会组织健康有序发展的意见》。该意见指出，“进一步发挥社会组织在促进经济发展、管理社会事务、提供公共服务中的作用。支持社会组织尤其是行业协会商会在服务企业发展、规范市场秩序、开展行业自律、制定团体标准、维护会员权益、调解贸易纠纷等方面发挥作用，使之成为推动经济发展的重要力量。支持社会组织在创新社会治理、化解社会矛盾、维护社会秩序、促进社会和谐等方面发挥作用，使之成为社会建设的重要主体。”

政府积极引导食品领域的社会组织在行业内大力开展食品安全信用体系建设试点。目前，全国婴幼儿配方乳粉企业已全部建立起诚信管理体系。一些地方政府联合食品行业协会逐步建立起食品安全“红黑名单”制度等征信奖惩措施，对食品经营企业及从业人员的经营（从业）资格等作出相应褒扬和限制，增强守法经营的信誉和影响，增加食品安全违法行为的违法成本，督促企业主动担责、诚信自律，从而起到遏制食品安全违法行为的作用。如，张家口市大力推动食品企业诚信体系建设；武汉市开辟“诚信武汉”专题网站，滚动刊登“红黑榜”等。

案例

上海市网络食品监管社会共治的实践

由于网络食品交易存在虚拟性、隐蔽性和不确定性，并且相当一部分在网络上经营的商家并没有实体店，近年来网络食品的安全风险成为社会关注的一个焦点问题。2017年7月起，上海市食品药品监督管理局委托第三方机构“大人来也”参与网络食品风险治理，取得了明显的效果。2018年上半年上海市食品药品监督管理局公开发布了七期网络餐饮服务监测结果，这既是政府监督结果的信息公开，又是向消费者发布的预警信息。上海市食药局定期发布网络餐饮服务监测结果的这一做法，在国内创新性地探索了网络食品监督社会共治的新模式。

主要做法是：首先，“大人来也”根据区域、热门商圈、餐饮类型等关键字，对入驻网络餐饮平台的经营商户中涉嫌无证无照、一证多用、平台证照模糊、证照地址和实际地址超过3千米、超范围经营、借用证等特殊类型的情况进行数据筛查和模式识别，每周从平台上排摸出疑似问题餐厅100家左右；之后，基于技术手段对系统筛选出的可疑对象进行数据清洗与数据校验比对，确定30%左右的高风险可疑对象名单；最后，招募并培训“影子”顾客（普通消费者）对线上监测发现的疑似问题的网络餐厅开展线下核查，并上传线下调研复核的数据到上海食药局的数据库，市食药局及时安排相关力量对问题餐饮单位进行现场督察处理，对违规网络餐饮平台进行相应处理，并向社会公布违规网络餐饮平台和餐饮经营单位名单，以及相关调查处理的结果。

资料来源：江南大学食品安全风险治理研究院提供。

新闻媒体积极开展食品安全宣传，揭露食品安全违法犯罪行为，宣传食品安全工作先进典型，正面引导食品安全舆情，在食品安全社会共治中发挥了不可替代的作用，日益成为食品安全的“守望者”。党的十八大以来，不少食品安全事件是经媒体曝光而引起社会广泛关注的，为政府部门打击食品安全犯罪提供了很多宝贵的线索。如，2017年1月16日，《新京报》报道了天津市静海区独流镇调味品造假窝点聚集，假冒劣质调味品流向多地的食品安全事件。报道称，在天津市静海区独流镇的一些普通民宅里，每天生产着大量假冒名牌调料，雀巢、太太乐、王守义、家乐、海天、李锦记等市场知名品牌几乎无一幸免。这些假冒劣质调料，通过物流配送或送货上门的方式，流向北京、上海、安徽、江西、福建、山东、四川、黑龙江、新疆等地。在《新京报》曝光的当日，国家食品药品监督管理总局立即责成天津市食品药品监管部门核实有关报道，严肃查处违法行为，并会同公安部迅速派员赴天津现场督查。天津市有关部门迅速组成联合调查处置组，静海区委、区政府组织联合执法队伍，对独流镇28个行政村进行了拉网式、地毯式全面排查。排查期间，公安机关打掉制假售假团伙3个，发现并依法查处无食品生产许可证、无营业执照制假窝点7处，抓获犯罪嫌疑人18名，其中马某某、邢某某、丁某某等主犯全部落网。

图说

2015版《食品安全法》鼓励新闻媒体积极行使引导、宣传、监督的职能，开展食品安全法律、法规以及食品安全标准和知识的公益宣传，对食品安全违法行为进行舆论监督。同时要求媒体必须保证有关食品安全的宣传报道真实、公正，严禁为了自身利益故意夸大、误导，造成社会恐慌。

新闻媒体是食品安全科普宣传的"大喇叭"，是公众获取食品安全信息的主要来源，对食品安全的报道有效普及了食品安全知识，提高了公众食品安全科学素养。

新闻媒体同时也成为食品安全谣言重要的“终结者”之一。如，《人民日报》“求证”栏目多次刊发调查报道，第一时间对网上曝出的“塑料紫菜”“吃草莓致癌”“小龙虾是小虫虾”等食品安全谣言科学求证，迅速辟谣，消除了公众误解和恐慌，正面引导了食品安全舆情。

4.3.4 食品安全责任保险试点效果初显

2012年6月23日，国务院印发《关于加强食品安全工作的决定》（国发〔2012〕20号），作出了“积极开展食品安全责任强制保险制度试点”的重要部署。2015版《食品安全法》规定“国家鼓励食品生产经营企业参加食品安

图说

食品安全责任保险

食品安全涉及生产、加工、流通、消费等众多环节，风险因素复杂，食品安全责任风险是食品安全所引发的衍生风险。食品安全责任保险是承担食品生产经营者民事赔偿责任的一种保险，在发生食品安全事故时，可以为食品生产经营者承担风险，保障消费者权益。通过引入保险机制可以帮助食品企业控制风险，有利于完善社会治理体系，发挥保险化解矛盾纠纷的作用，用经济杠杆和多样化产品化解食品安全事件民事责任纠纷；有利于发挥保险的风险管理和经济补偿功能，提高食品安全事故预防和救助水平，保护消费者的合法权益；有利于食品生产经营企业转移风险，提高产品质量，促进经济提质增效升级；有利于加快政府职能转变，优化食品安全监管方式，协同解决食品安全问题，推进食品安全社会共治。

全责任保险”。开展食品安全责任保险试点，是充分发挥保险的风险控制和社会管理功能，探索建立行业组织、保险机构、企业、消费者多方共同参与的食品安全风险社会共治的有效形式。原中国保险监督管理委员会指导保险公司在食品生产、加工、销售、消费等环节进行了积极探索，开发了30余款保险产品。各地纷纷开展与食品安全相关的责任保险试点，如浙江省宁波市鄞州区、海曙区政府全额出资400万元，为430家学校食堂、100家建筑工地食堂、432个农村集体聚餐点和6 100家微小餐饮企业提供风险保障1.3亿元。2016年，食品安全责任保险试点省市达到20多个，投保单位超过6万个，保费收入1.4亿元，为食品企业提供超过1 900亿元的风险保障。食品安全责任保险由企业、行业组织、保险机构、消费者共同参与，具有互动共赢的激励约束和风险共担的机制，将在保障食品安全方面发挥日益重要的作用。

案例

食品安全责任保险创新的台州经验

浙江省台州市从2014年开始试点食品安全责任保险，在推行食责险的过程中，针对企业投保积极性不足的“难点”，建立了以市场运作为主体、政府公益为辅助的模式，形成了政府、保险机构、企业和消费者多方共治共赢的新局面。

在食品安全责任保险投保组织方式上，台州探索建立以市场运作为主、政府公益财政贴补为辅的“政企同推”食责险投保模式。创造性地界定市场主体“公商属性”（公益性与商业性），分类组织投保。市场运作，企业联保。引导经营场所面积500米^{2}以上的营利性食品生产经营单位自主投保食品安全责任保险，以行业协会组织全行业投保，或以餐饮食品安全示范街整街形式参保，或以农家乐村整村形式参保。

公益助推，财政贴补，有三种主要形式：第一种是以乡镇为区域联保，由各乡镇（街道）与保险公司签订食品安全责任保险协议，保单的理赔范围涵盖乡镇（街道）辖区内营业场所在500米^{2}以下的餐饮服务单位、食品流通经营单位、市场监管部门认定的食品加工小作坊、食品流动摊点和80人以上的农村集体聚餐；第二种是统一投保校园食品安全，由当地教育局与保险公司签订食品安全责任保险协议，为县域学校食堂、校园商店及师生统一购买食品安全责任保险；第三种是以县为区域联保，由当地政府与保险公司签订食品安全责任保险协议，为全辖区的农村集体聚餐、社区养老机构、学校食堂、建筑工地食堂、网络交易平台，以及营业场所在500米^{2}以下的小作坊、小食杂店、小餐饮进行统一投保。采取这样的“联保”方式来强势推进，有力地扩大了食责险的覆盖面。

资料来源：连待待，戴正聪，2016. 食品安全责任保险创新的台州经验 [N].《中国食品安全报》，6月2日.

4.3.5 多方联合依托技术治理推动食品安全风险社会共治

科学管理是食品安全社会风险共治的第一原理。技术治理的作用不仅在于成为食品安全风险社会共治体系制度的赋能者，而且在于通过技术系统化的嵌入、固化以及技术与共治体系的互动，有效地形成了社会共治体系并推动共治体系的优化完善。党的十八大以来，地方政府、市场主体、社会组织等多方联合，积极采用新技术推进食品安全风险社会共治，取得了重要进展。例如，广东省佛山市南海区里水镇创新运用“互联网+”，形成了智能协管“社会共治”监管模式，将市场主体、群众监督、村居协管员等有机地融合起来，依托以协管检查数据为基础构建的监管数据库，对食品生产经营单位进行全面把控，对存在不规范行为的企业进行引导并加以规范性整治，通过事前监管大幅降低食品安全问题暴发的可能性。目前，该平台基本实现对里水食品药品生产经营单位的全覆盖监管。廊坊市利用移动互联技术打造的食品“三小”社会共治平台也是近年来多方联合依托技术治理推动食品安全风险社会共治的一个典型案例。

案例

廊坊市利用移动互联技术打造食品“三小”社会共治平台

为进一步贯彻落实“三小”管理条例，加快推进“三小”行业规范化管理，提高监管效能，进一步落实企业主体责任和监管责任，河北省廊坊市食品药品监管工作突破传统监管模式，利用大数据、智能化、移动互联网、云计算，开发建设了“三小”社会共治平台，率先利用移动互联技术实现对“三小”企业监管，对“三小”食品全环节追溯，初步构建了监管者、消费者、经营者等多方共赢的社会共治格局，成功在廊坊市建成了一朵“食品云”。

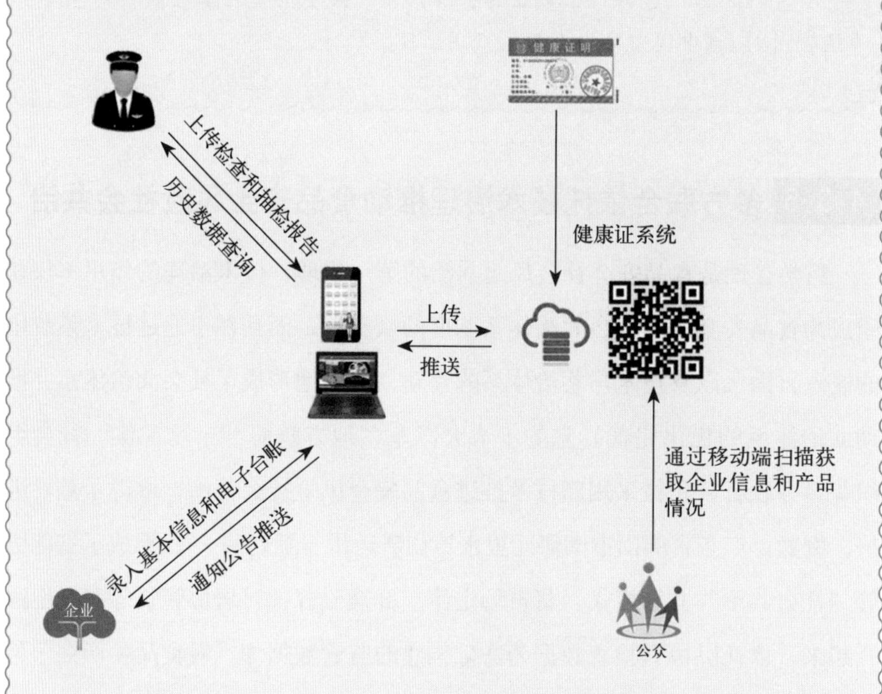

“三小”社会共治平台依托基础数据库，对小作坊、小餐饮、小摊点企业的基础信息、产品信息、台账信息、检验报告等情况进行全盘掌握，以产品信息为核心，实现“食材溯源追溯”，一旦发现问题产品，可以通过食材来源追踪该食材供货企业，依据问题食材的来源信息检索出食材产地、食材生产加工企业等信息。该平台自2017年9月上线

运行，现共录入“三小”企业18 623家，其中小餐饮8 840家，小摊点9 409家，小作坊374家，监管巡查数据9 674条，采集企业信息30 800余条，注册监管人员201名。

“三小”社会共治平台的建设，可以鼓励公众参与食品安全监督、引导公众选择诚信企业，促进企业自我宣传、诚信经营、支持诚信企业做大做强，加快推进社会共治体系建设，促进消费结构优化升级，带动信息消费发展。

资料来源：廊坊市食品药品监督管理局提供。

声音

吴林海（江南大学食品安全风险治理研究院首席专家、教授）：纵观发达国家食品安全社会共治体系的发展轨迹，技术治理成为多元主体治理风险核心工具。食品安全风险技术治理所运用的技术内涵十分丰富，不仅包括自然技术，而且包括社会技术，是一种二者结合的完善的技术体系。国际上取得广泛认可并在许多国家广泛应用的良好操作规范体系（good manufacturing practice，GMP）和危害分析的临界控制点（hazard analysis critical control point，HACCP）、食品可追溯体系等，在治理食品安全风险中发挥了最基础的作用。这就是最近几十年来全球食品安全治理技术体系的典型代表。同时，技术治理也指食品安全风险社会共治体系的运行规范、操作规程，也涉及多元主体间制度安排的各种技术工具和技术手段。

资料来源：吴林海，等，2017．食品安全风险社会共治作用的研究进展［J］．自然辩证法通讯（4）：142—152．

下篇

风险治理的生动实践

5 农产品源头“产”的风险治理

习近平总书记指出：食品安全，首先是“产”出来的。长期以来，为了提高产量、增加供给，很多地方大量使用化肥、农药、塑料薄膜，这虽然保证了农业发展，但也造成了日益严重的农业面源污染，加上工业和生活各种排污，给生产食品的环境造成了一定程度的破坏。在总书记看来，保障农产品安全，就要把住生产环境安全关，就要治地治水，净化农产品产地环境；就要控肥、控药、控添加剂，规范农业生产过程，严格管制乱用、滥用农业投入品。党的十八大以来，全国农业农村领域认真贯彻习近平总书记的要求，努力规范农业生产，科学净化农产品产地环境，持之以恒地推进源头治理，开创了新时代农产品“产”的源头治理的新局面。

5.1 农药使用量零增长行动

长期以来，由于高强度地使用农药已对我国农业生态环境与农产品质量安全带来了极其严重的后果，农产品中的农药残留超标已使农药由过去的农作物“保量增产的工具”转变为现阶段影响农产品与食品安全、生态环境安全与人们身体健康的“罪魁祸首”之一。为了全面贯彻习近平总书记提出的“把住生产环境安全关，就要治地治水，净化农产品产地环境”的要求，2015年2月，农业部在全国范围内全面实施《到2020年农药使用量零增长行动方案》，提出到2020年，初步建立资源节约型、环境友好型病虫害可持续治理技术体系，科学用药水平明显提升，单位防治面积农药使用量控制在近三年平均水平以下，力争实现农药使用总量零增长。国务院办公厅于2015年7月30日印发《关于加快转变农业发展方式的意见》（国办发〔2015〕59号），重申必须实行农药的减量控害。经过全国农业部门的共同努力，到2017年底，农药零增长的目标已实现。

5.1.1 农药零增长行动目标提前三年实现

2012年，我国农药使用量为180.61万吨，2013年农药使用量略有下降，下降到180.19万吨；2014年稍有回升，上升到180.69万吨。2015年农药使用量又开始下降，下降为178.30万吨，2016年、2017年则进一步分别下降到174.10万吨、171.10万吨，农药使用量连续3年实现负增长（图5-1）。在十三届全国人大一次会议第二场“部长通道”上，农业部部长韩长赋在中国报道杂志社记者采访时指出，我国已提前三年实现了“十三五”农药使用量零增长的目标。不仅是农药使用量实现了零增长，而且农药利用率持续提升。2017年，全国农药利用率达到38.8%，比2015年提高了2.2个百分点，相当于减少农

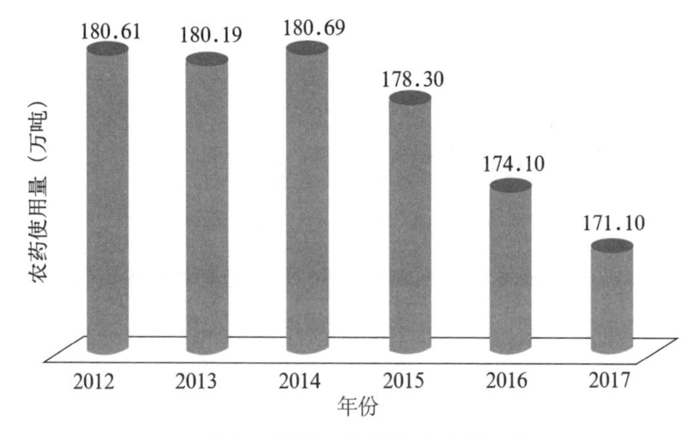

图5-1 2012—2017年农药使用量

资料来源：国家统计局，《中国统计年鉴》2013—2018。

药3万吨的使用量（实物量）[①]。

政府的引导对于农户使用行为具有重要作用

王建华（江南大学商学院教授）：多年来的实践证明，政府的引导对于农户使用行为具有重要作用。党的十八大以来，政府农药减量控害政策的陆续出台，农户减量使用农药、规范使用农药逐步成为常态，农药使用量总体趋势下降，蔬菜、水果、茶叶等农产品的农药残留超标情况有了很大程度的改观，质量安全保障水平明显提升。更为重要的是，政府加大高毒农药禁用与推广生物农药力度，优化农药使用结构对保障农产品质量安全更具有长远性的作用。

资料来源：王建华，刘茁，李俏，2015. 农产品安全风险治理中政府行为选择及其路径优化——以农产品生产过程中的农药施用为例［J］. 中国农村经济（11）：54—76.

5.1.2 农药品种结构与使用方式转型成效显著

在推进农药使用量零增长行动的同时，农业部门还致力于推进农药使用方式的转型。一是加大高毒农药禁用力度，加快高毒农药淘汰进程。目前，高毒农药比重已由过去的60%下降到目前的3%左右，农药结构更趋合理，产品低毒化效果显著，中毒死亡问题得到有效缓解。二是推广使用生物农药。国家加大对生物农药的补贴力度，重点扶持果菜茶优势产区的新型经营主体、品牌基地大范围地推广使用生物农药。同时鼓励地方政府在国家补贴的基础上，进一步加大对生物农药的补贴力度，创建一批生物农药使用的示范基地，建设一批绿色优质的农产品生产基地。目前，我国生物农药年产量已达到近30万吨

① 金书秦，张惠，吴娜伟，2018. 2016年化肥、农药零增长行动实施结果评估［J］. 环境保护（1）.

问答

问：什么是“生物农药”？

答：生物农药是指利用生物活体（真菌、细菌、昆虫病毒、转基因生物、天敌等）或其代谢产物（信息素、生长素、萘乙酸钠，二氯苯氧乙酸等）针对农业有害生物进行杀灭或抑制的制剂。又称天然农药，指非化学合成，来自天然的化学物质或生命体，而具有杀菌农药和杀虫农药的作用。

资料来源：江南大学食品安全风险治理研究院根据资料整理形成。

(包括原药和制剂)。三是加强农药管理、示范带动、科技支撑、机制创新，努力实现病虫害综合防治及农药减量增效。各地涌现出一大批农药减量技术协同增效、生物防治促减量等农药使用新模式。农药品种结构与使用方式的转型为有效降低农产品中的农药残留奠定了最重要的基础。

案例

吉林实施航空植保+生物防治促减量农药使用技术示范

2017年，吉林省设立专项资金用于扶持农作物病虫害航化作业，开展水稻、玉米、大豆病虫害航化作业362万亩*，开展赤眼蜂和白僵菌防治玉米螟3 300万亩，释放混合赤眼蜂防治水稻二化螟示范面积40万亩，性诱剂防治水稻二化螟技术示范面积18万亩，提高了农作物病虫害防控能力和科学防病治虫水平，显著减少了农药使用量。

同时，吉林省积极开展控药控水示范。2017年在前郭、辉南等6个县（市）开展了试点，落实面积1 800亩，设立了化学农药减量、生物农药、物理防治、高效植保机械、水稻全程解决方案等试验示范区，开展农药降残增效助剂、植物诱导剂等试验示范，集成多项控药、控水技

* 亩为非法定计量单位，1亩≈666.7米^2。

术，落实从种子到作物收获全程低量化植保措施，重点解决一病（虫）一打药、单次用药量过高、滥用药、乱打药等问题。如长春市九台区项目区化学农药使用量减少28%以上，使用次数下降3次，实现节水23%，亩节水160吨。

5.1.3 完善法规严格管理农药使用

修订后的《农药管理条例》（国务院第677号令）于2017年6月1日起施行。新修订的《农药管理条例》强化了农药登记、生产、经营、使用各个环节安全风险的防范，要求将涉及农产品质量安全的各项具体要求落到实处，而且惩处力度堪称史上最严，以确保老百姓“舌尖上”的安全。修订后的《农药管理条例》颁布实施后，生产销售假劣农药将面临更严厉的惩处，违法成本大大提高。同时，修订后的条例要求农药标签必须标注二维码，一瓶农药一个二维码，也就是每瓶农药均拥有一个“身份证”，并规定于2018年1月1日以后生产的农药，如果农药标签上没有二维码，就可以直接判定为假农药。农药二维

声音

农药产业发展的“护卫舰”

李钟华（中国农药工业协会秘书长）：新修订的《农药管理条例》，针对当前农药生产经营管理中存在的主要问题，完善了农药登记、生产、经营、使用等全过程管理制度，强化了主体责任，加大了处罚力度，对于促进我国农药产业健康发展提供了强有力的法治保障。主要体现在四个方面：一事一责，提高农药监管的效能；支持创新，引导企业提升核心竞争力；提高门槛，保障有效性和安全性；强化责任，规范生产经营行为。

资料来源：中国农药网，2017. 农药产业发展的“护卫舰”[EB/OL]. http://www.agrichem.cn/，4月2日.

码制度的实行，将有力地打击假冒伪劣农药产品及假冒证件生产、添加隐性成分等行为。可以预见的是，由提高罚款额度、没收违法所得、吊销相关许可证、列入“黑名单”等一系列组合措施组成的农药管理新政将对违法违规的农药生产经营行为形成强有力的震慑。

5.2 化肥使用量零增长行动

化肥的应用为保障我国农产品质量安全尤其是粮食安全作出了巨大贡献，但也带来了一系列的问题，如氮肥的过量施用导致土壤酸化，对耕地产出能力和农产品质量安全均造成不同程度的威胁，成为农业面源污染的重要来源。2015年2月，农业部制定了《到2020年化肥使用量零增长行动方案》，提出在2015—2019年逐步将我国化肥使用量年增长率控制在1%以内；力争到2020年，主要农作物化肥使用量实现零增长。经过努力，我国已在2016年实现化肥零增长的目标。

5.2.1 化肥使用量首次实现有史以来的零增长

2012年，全国化肥使用量为5 838.85万吨。2013—2015年全国化肥使用量继续持续上升，到2015年化肥使用量达到6 022.6万吨。2016年，全国农用化肥使用量开始下降，为5 984.1万吨，比2015年减少38.5万吨，减幅为0.64%（图5-2）。这是我国有化肥使用数据统计以来历史上首次实现使用量的减少，化肥零增长行动取得了重大突破。2017年，我国化肥使用量继续保持稳中有降，尿素表观消费量同比下降10.69%，农用氮肥、磷肥、钾肥使用量分别下降2.16%、1.55%、0.84%[①]。

① 金书秦，张惠，吴娜伟，2018. 2016年化肥、农药零增长行动实施结果评估［J］. 环境保护（1）：15-49。

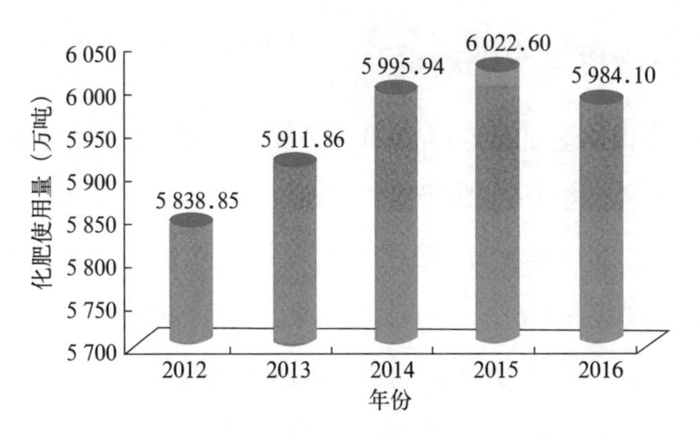

图5-2　2012—2016年化肥使用量

资料来源：国家统计局，《中国统计年鉴》2013—2017年。

5.2.2 多数省、自治区、直辖市施肥总量下降

与2015年相比较，2016年各省、自治区、直辖市化肥施用总量增减量均在12万吨以内，21个省份化肥使用总量减少，福建、贵州2省化肥用量没有变化，但有8个省份化肥施用量增加。

案例

江西省多管齐下实施化肥减量控害

2016年，江西省化肥使用总量（折纯）142万吨左右，比2015年化肥使用总量减少约1%，超额完成了年度化肥使用量零增长的工作目标。主要做法是：政策推动给力。江西省政府将化肥使用量零增长行动列入了推进绿色生态农业十大行动之一，纳入了各级政府绩效考核，化肥使用情况是考核生态文明示范县的评价指标之一；加大了科学施肥和农田节水技术的推广力度。坚决制止过度开发农业资源、过量使用化肥等行为。行动推进有力。集成推广测土配方施肥、酸化土壤改良、绿肥种植等技术，各级农业部门把化肥减量增效工作全面展开；技术推广得力。大力推广耕地质量提升技术，做好“加法”提质减肥；大力推广增施商品有机肥技术，做好“减法”替代减肥；大力推广综合集成技术，做好“乘法”增效减肥。

5.2.3 化肥使用率实现新提升

2016年，全国耕地面积为134 921千公顷，化肥施肥强度平均为443.5千克/公顷，比2015年下降2.6千克/公顷，有19个省、自治区、直辖市化肥使用强度下降。2017年我国水稻、玉米、小麦三大粮食作物化肥利用率为37.8%，比2015年提高2.6个百分点。近年来，我国化肥使用量的下降与使用率的提升，大力推广测土配方施肥、使用有机肥替代部分化肥，以及化肥使用结构的调整功不可没。2016年，全国测土配方施肥技术推广应用面积近16亿亩，有机肥施用面积3.8亿亩次，绿肥种植面积约4 800万亩，有效地促进了化肥结构的转变。安徽省通过土壤改良、地力培肥、治理修复和化肥减量增效技术模式，实现了化肥施用总量和施肥强度"双降"。

问答

问：什么是"精准施肥"？

答：精准施肥又称自动变量施肥技术，实现了在每一操作单元上作物全面平衡施肥，大大提高了肥料利用率和施肥经济效益，减少了对环境的不良影响。精准施肥是精准农业的核心内容之一。精准施肥的主要特点有：合理使用化肥，降低生产成本，减少环境污染；减少和节约水资源；节本增效，省工省时，优质高产；使农作物的物质营养得到合理利用，保证了农产品的产量和质量。

问：什么是"测土配方施肥"？

答：测土配方施肥是指以土壤测试和肥料田间试验为基础，根据作物需肥规律、土壤供肥性能和肥料效应，在合理使用有机肥料的基础上，提出氮、磷、钾及中、微量元素等肥料的使用数量、施肥时期和使用方法。通俗地讲，就是在农业科技人员指导下科学使用配方肥。测土配方施肥技术的核心是调节和解决作物需肥与土壤供肥之间的矛盾。同时有针对性地补充作物所需的营养元素，作物缺什么元素就补充什么元素，需要多少补多少，实现各种养分平衡供应，满足作物的需要；达到提高肥料利用率和减少用量，提高作物产量，改善农产品品质，节省劳力，节支增收的目的。

问：什么是“生物有机肥”？

答：生物有机肥是指含有特定功能微生物与经无害化处理、腐熟的有机物料（以畜禽粪便、农作物秸秆等动植物残体为来源）复合的肥料，兼具微生物肥料和有机肥效应。提高土壤的培肥地力作用，提高土壤质量，促进土壤微生物繁殖，提供农作物所需全面营养，保护农作物根茎，增强农作物抗病、抗旱、耐涝能力，提高食品的安全性、绿色性，提高农作物产量，减少养分流失，提高化肥利用率。

资料来源：江南大学食品安全风险治理研究院根据资料整理形成。

5.3 兽药的综合治理

党的十八大以来，农业部门更有效地扭住兽用抗生素这个影响动物源性食品安全的“牛鼻子”，组织各级兽医部门围绕“防风险、保安全、促发展”工作目标，坚持“产管”结合、标本兼治，拿出监管硬措施、打好整治组合拳，深入推进兽用抗生素综合治理，打好“产好药”“少用药”“用好药”三张牌，有效防范兽药残留超标，有效遏制动物源细菌耐药，并取得一系列成效。

问答

问：什么是“动物源性食品”？

答：动物源性食品是指全部可食用的动物组织以及蛋和奶，包括肉类及其制品（含动物脏器）、水生动物产品等。

问：影响动物源性食品安全的因素有哪些？

答：主要来自于动物疫病传播微生物污染，滥用抗生素、饲料添加剂，兽药残留，化学物质污染和残留等。

问：什么是“植物源性食品”？

答：植物源性食品包括粮食（稻谷、小麦、大麦、玉米、黑麦、大豆除外）及其各种粮食加工制品（如面粉、淀粉等）、蔬菜及其制品（马铃薯、木薯除外）、油籽油料类（油菜籽除外）及其制品、中药材、干果和坚果与籽仁类（如核桃、各种瓜子等）、转基因食品、植物油（如花生油、大豆油等）、茶叶、可可咖啡原料类、麦芽、啤酒花、水果制品、调味料（指植物原料及粗加工品如胡椒、胡椒粉，大、小茴香及其粉面等调味料）、酱腌制品（指用盐、酱、糖等腌制的发酵或非发酵类植物源制品）、烟草制品类（烟叶除外）、辐照食品。

资料来源：江南大学食品安全风险治理研究院根据资料整理形成。

5.3.1 严管兽药产品质量

为切实加强兽药质量安全监管和风险监测工作，提高兽药产品质量安全水平，有效保障养殖业生产安全和动物产品质量安全，农业部每年都开展兽药质量监督抽检。党的十八大以来，我国兽药产品质量安全水平总体向好，兽药抽检合格率呈不断上升的趋势，由2012年的92.5%逐步提高至2017年的97.5%，兽药产品质量安全水平有较大幅度的提高（图5-3）。虽然兽药抽检结果具有一定的季节性的差异，但从整体趋势来看，兽药抽检季度合格率由2012年第一季度的92.6%提高到2017年第四季度的97.2%。以每年的第四季度为例来分析，兽药抽检第四季度的合格率由2012年的91.4%，依次提高至2013年的93.1%、2014年的94.9%、2015年的96.2%、2016年的96.1%、2017年的97.2%[①]（图5-4）。

农业部还具体从兽药环节和兽药产品类别开展兽药质量监督抽检。从兽药抽检的环节分析，2012年以来，兽药生产环节的抽检合格率较为平稳，一直

① 农业部兽医局2012—2017年兽药质量监督抽检情况的通报。

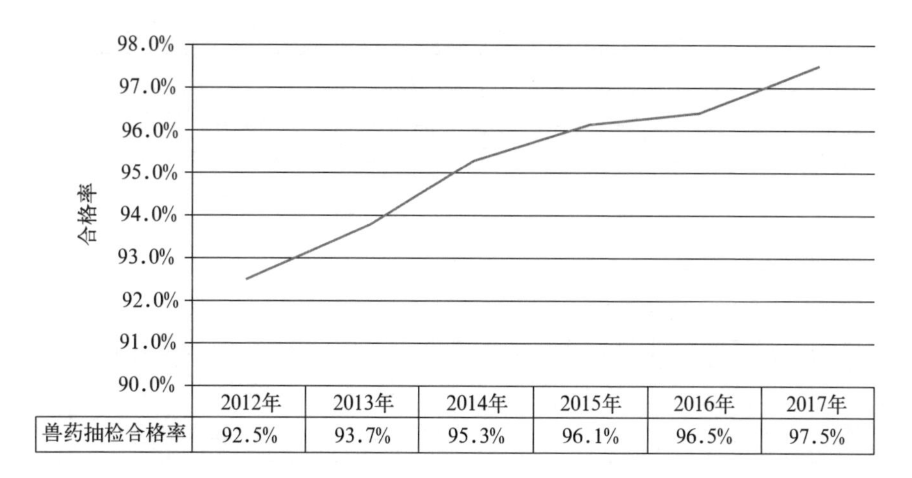

	2012年	2013年	2014年	2015年	2016年	2017年
兽药抽检合格率	92.5%	93.7%	95.3%	96.1%	96.5%	97.5%

图5-3　2012—2017年兽药质量监督抽检状况

资料来源：农业部兽医局2012—2017年兽药质量监督抽检情况的通报。

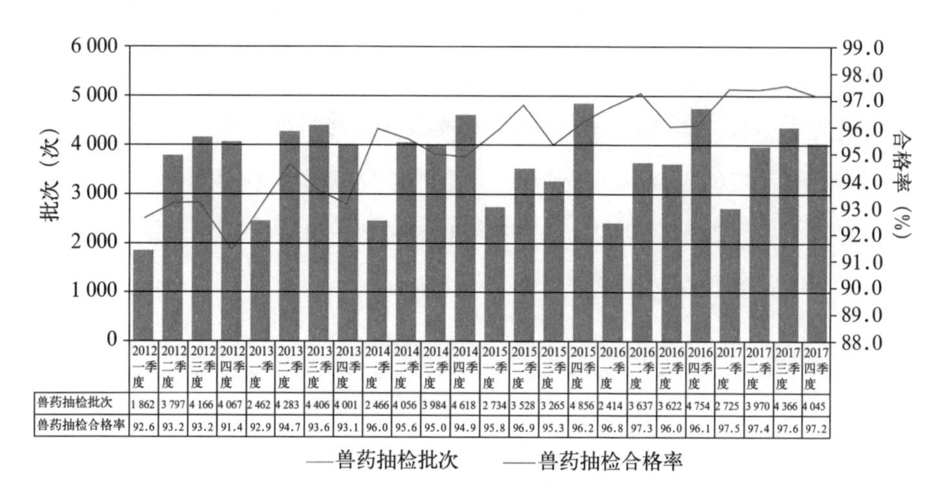

	2012一季度	2012二季度	2012三季度	2012四季度	2013一季度	2013二季度	2013三季度	2013四季度	2014一季度	2014二季度	2014三季度	2014四季度
兽药抽检批次	1 862	3 797	4 166	4 067	2 462	4 283	4 406	4 001	2 466	4 056	3 984	4 618
兽药抽检合格率	92.6	93.2	93.2	91.4	92.9	94.7	93.6	93.1	96.0	95.6	95.0	94.9

	2015一季度	2015二季度	2015三季度	2015四季度	2016一季度	2016二季度	2016三季度	2016四季度	2017一季度	2017二季度	2017三季度	2017四季度
兽药抽检批次	2 734	3 528	3 265	4 856	2 414	3 637	3 622	4 754	2 725	3 970	4 366	4 045
兽药抽检合格率	95.8	96.9	95.3	96.2	96.8	97.3	96.0	96.1	97.5	97.4	97.6	97.2

图5-4　2012—2017年各季度兽药质量监督抽检总体状况

资料来源：农业部兽医局2012—2017年兽药质量监督抽检情况的通报。

维持在98%左右的水平，兽药经营环节和使用环节的抽检合格率呈季节波动稳步上升的趋势，兽药经营环节抽检合格率由2012年第一季度的90.7%上升至2017年第四季度的96.6%，而兽药使用环节的抽检合格率由2012年第一季度的91.4%上升至2017年第四季度的97.6%（图5-5）。

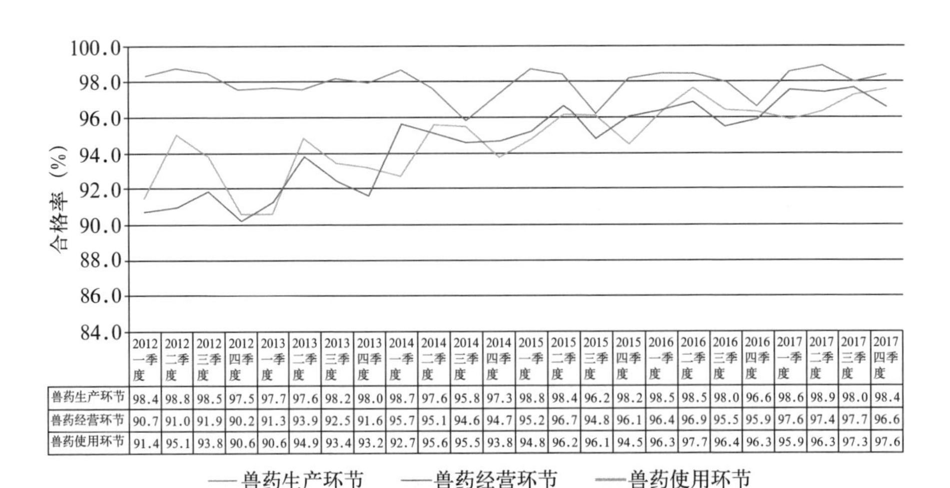

	2012一季度	2012二季度	2012三季度	2012四季度	2013一季度	2013二季度	2013三季度	2013四季度	2014一季度	2014二季度	2014三季度	2014四季度	2015一季度	2015二季度	2015三季度	2015四季度	2016一季度	2016二季度	2016三季度	2016四季度	2017一季度	2017二季度	2017三季度	2017四季度
兽药生产环节	98.4	98.8	98.5	97.5	97.7	97.6	98.2	98.0	98.7	97.6	95.8	97.3	98.8	98.4	96.2	98.2	98.5	98.5	98.0	96.6	98.6	98.9	98.0	98.4
兽药经营环节	90.7	91.0	91.9	90.2	91.3	93.9	92.5	91.6	95.7	95.1	94.6	94.7	95.2	96.7	94.8	96.1	96.4	96.9	95.5	95.9	97.6	97.4	97.7	96.6
兽药使用环节	91.4	95.1	93.8	90.6	90.6	94.9	93.4	93.2	92.7	95.6	95.5	93.8	94.8	96.2	96.1	94.5	96.3	97.7	96.4	96.3	95.9	96.3	97.3	97.6

图5-5　2012—2017年各季度兽药分环节质量监督抽检状况

资料来源：农业部兽医局2012—2017年兽药质量监督抽检情况的通报。

从兽药抽检产品的类别分析，2012年以来，兽药化学类产品、抗生素类产品、中药类产品的抽检合格率都呈现季节波动稳步上升的趋势，其中兽药化学类产品和抗生素类产品的抽检合格率及其变化特征都较为一致，分别由2012年第一季度的93.8%、93.3%上升至2017年第四季度的97.8%、98.2%。相比较而言，中药类产品的抽检合格率相对较低，但也由2012年第一季度的89.0%上升至2017年第四季度的94.3%（图5-6）。

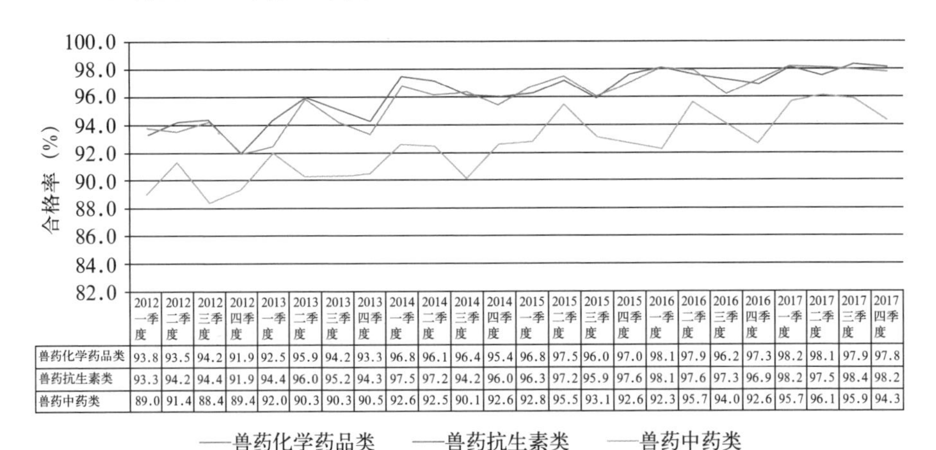

	2012一季度	2012二季度	2012三季度	2012四季度	2013一季度	2013二季度	2013三季度	2013四季度	2014一季度	2014二季度	2014三季度	2014四季度	2015一季度	2015二季度	2015三季度	2015四季度	2016一季度	2016二季度	2016三季度	2016四季度	2017一季度	2017二季度	2017三季度	2017四季度
兽药化学药品类	93.8	93.5	94.2	91.9	92.5	95.9	94.2	93.3	96.8	96.1	96.4	95.4	96.8	97.5	96.0	97.0	98.1	97.9	96.2	97.3	98.2	98.1	97.9	97.8
兽药抗生素类	93.3	94.2	94.4	91.9	94.4	96.0	95.2	94.3	97.5	97.2	94.2	96.0	96.3	97.2	95.9	97.6	98.1	97.6	97.3	96.9	98.2	97.5	98.4	98.2
兽药中药类	89.0	91.4	88.4	89.4	92.0	90.3	90.3	90.5	92.6	92.5	90.1	92.6	92.8	95.5	93.1	92.6	92.3	95.7	94.0	92.6	95.7	96.1	95.9	94.3

图5-6　2012—2017年各季度兽药分类别质量监督抽检状况

资料来源：农业部兽医局2012—2017年兽药质量监督抽检情况的通报。

5.3.2 扩大禁用兽药的限定范围

进一步推进兽用抗生素耐药性控制工作，制定实施《全国遏制动物源细菌耐药行动计划（2017—2020年）》，创新兽用抗生素治理制度措施，重点推动促生长用兽用抗生素退出、完善兽用抗生素应用及细菌耐药性监测网络、兽用抗生素使用减量化示范创建等工作，已禁止洛美沙星、培氟沙星、氧氟沙星、诺氟沙星等4种人兽共用抗生素用于食品动物，禁止硫酸黏菌素预混剂用于动物促生长。2018年初，农业部再禁用3种兽药用于食品动物，3年间已有8种抗菌药退出养殖业。目前，养殖业仅有11种抗菌药允许添加到商品饲料中长期使用。

拓展阅读

抗菌药对动物疾病的预防与控制作用

抗菌药对动物疾病的预防与控制作用功不可没。合理使用可以防治动物疾病，促进养殖业健康发展，并不会出现抗生素残留超标情况，而且在一定程度上降低了人类感染细菌性疾病的几率。如果不用抗菌药治疗，不但动物会死亡，更重要的是越来越多的病原会在环境中大量释放，严重威胁人类的健康。但抗菌药必须要规范使用，但如果不规范用药则会引发畜禽的群体性危害，造成兽药残留超标，产生细菌耐药性和畜禽产品质量安全等问题。

目前，我国批准动物养殖业使用的兽用抗菌药分为抗生素和合成抗菌药两大类，用于防治动物疾病和促生长。其中，抗生素主要品种有β-内酰胺类、氨基糖苷类、四环素类等8类，共56个品种；合成抗菌药主要品种有磺胺类、喹诺酮类及其他合成抗菌药共3类，共45个品种。其中允许添加到商品饲料中长期使用的促生长抗菌药物饲料添加剂有14个产品。2018年初，农业部再禁用3种兽药用于食品动物。目前，养殖业仅有11种抗菌药允许添加到商品饲料中长期使用。

5.3.3 加大兽药监测与违法行为的惩治力度

农业部自20世纪80年代开始施行农产品质量安全监测。近年来，农业部门加大了监测和监督抽查力度，连续开展专项整治，实施检打联动，严格管控兽药产品质量，兽药产品的抽检合格率达到97%以上；监测生猪、家禽、奶牛等动物饲养场5种主要细菌对16种兽用抗生素的耐药状况，建立了耐药性数据库。深入开展"兽用抗菌药综合治理"五年行动。2017年，各地兽医部门共出动执法人员32万余人次，查处违法案件4 200余件，吊销兽药生产许可证8个，吊销兽药经营许可证160个，取缔无证经营单位182个，移送公安机关案件10个，罚没款2 116余万元。推动网络兽药打假，依法查处多起利用淘宝网等网络平台违法经营兽药案件，抓获犯罪嫌疑人7人，涉案金额1 176余万元[①]。

拓展阅读

农业部门依法严厉打击假兽药

随着我国养殖规模的不断扩大和技术的不断增强，养猪人的实际需求也更加丰富、更加多元化。而广阔的需求让我国兽药市场异常活跃，各式各样的兽药产品亦是帮助养猪人在动物疫病防控的战斗中取得了一场又一场的胜利。但是，在琳琅满目的兽药产品中，假兽药一直是养猪人心中"永远的伤"，不仅对猪群健康没有起到积极的防御作用，而且损害养殖效益，让养猪人有苦难言！

农业部三令五申打击假兽药，打击兽药及各类生产资料制假售假行为，并且用二维码制度来为兽药市场的合理、有序发展保驾护航。同时，每月的假兽药抽检行动，也对该类行为起到了一定的威慑、打击作用。但在如此强大的攻势之下，仍然有部分黑心的制假售假者，在利益的驱使下，做出了损害养殖户利益的事情。

① 农业部网站，2018. 农业部综合治理兽药残留超标问题取得积极成效 [EB/OL]. http://www.gov.cn/，1月15日.

农业部兽医局对2017年上半年假兽药抽检情况进行汇总并通报。上半年，北京、河北、广东、山东、甘肃、青海等23个省级畜牧兽医主管部门针对市场上的假兽药进行了严厉有效的打击！23个省（自治区、直辖市）共查处假兽药272批次、不合格兽药259批次、立案查处兽药违法案件507起，假兽药及不合格兽药产品货值金额30多万、处罚金额100余万。

资料来源：农业部办公厅关于2017年上半年假劣兽药查处情况的通报。

5.3.4 严格兽药源头控制与推进全程追溯

农业部积极落实国务院简政放权、放管结合、优化服务的改革要求，持续推动兽药行政审批制度改革创新，把好兽用抗生素准入关。确立“四不批一鼓励”准入原则，即不批准人用重要抗生素、用于促生长的抗生素、易蓄积残留超标的抗生素和易产生交叉耐药性的抗生素作为兽药生产使用，鼓励研制新型动物专用抗生素。

与此同时，农业部还稳步推进国家兽药基础数据平台建设，按照“五区一园四平台”总体部署，持续完善国家兽药基础数据信息平台，运用大数据、云平台等现代信息技术，推动兽药“二维码”追溯信息系统升级，建成了农资监管领域“第一朵云”。修订《兽药标签和说明书管理办法》等规章，夯实“二维码”监管法制基础，打造兽药监管利器，全面推进兽药“二维码”标识管理。建立完善兽用疫苗从生产到使用的全程可追溯制度，强化疫苗存储、运输冷链监督管理。完善兽药监督抽检制度，强化假劣兽药的溯源执法。2017年，全国兽药监督抽检发现假冒兽药486批次，同比下降61%，“二维码”追溯监管对打击兽药制假售假作用凸显。

国家兽药产品电子追溯系统投入使用

农业部兽药电子追溯系统由国家兽药产品基础信息数据库、兽药行政审批信息系统、国家兽药产品追溯查询系统三部分构成。其中：国家兽药产品基础信息数据库，以兽药行政审批和监管信息为基础，主要是及时采集、发布兽药行业信息；兽药行政审批信息系统，旨在构建网上申报平台，逐步实现行政许可事项审批全程网络化；国家兽药产品追溯查询系统，是为了建立贯穿兽药生产、经营和使用各环节，覆盖各品种、全过程的兽药“二维码”追溯监管与公众查询体系。

国家兽药产品电子追溯系统于2017年12月1日正式上线，系统主要由兽药管理、基础信息、兽药生产企业、兽药经营企业、APP应用和相关接口等6个模块。截至2018年1月，全国有1 710家生产企业注册使用了该系统，用户共申请二维码34.9亿个，经营企业注册36 183家，监管单位注册1 452家，历史数据迁移128万单，系统功能稳定，性能良好，得到了企业和监管单位等用户的一致好评。

5.4 土壤重金属与畜禽养殖污染综合治理

土壤污染尤其是土壤中的重金属污染与畜禽养殖污染已严重影响了农产品质量安全。党的十八大以来，以习近平总书记为核心的党中央高度重视土壤重金属污染与畜禽养殖污染治理，采取了一系列行之有效的措施，通过几年来持之以恒的努力，取得了实实在在的治理效果。

5.4.1 土壤重金属污染治理

2013年，媒体披露湖南省稻米镉超标事件以后，引起社会的广泛关注。国务院高度重视，召开专题会议进行了深入研究，作出全面部署，提出了工作措施，并要求国务院有关部门会同湖南省抓紧制定落实方案。农业部组织有关专家进行了认真研究，提出了开展综合治理的总体思路和技术路线。2014年4月，国家启动重金属污染耕地修复综合治理工作，并先期在湖南省长株潭地区开展试点。湖南省长株潭地区（长沙、株洲、湘潭）的170万亩耕地成为重金属污染耕地修复治理的首批试点。

拓展阅读

《土壤污染防治行动计划》

《土壤污染防治行动计划》（国发〔2016〕31号，以下简称“土十条”），对重金属污染治理提出了一系列的明确要求。一是重点监测土壤中镉、汞、砷、铅、铬等重金属和多环芳烃、石油烃等有机污染物，重点监管有色金属矿采选、有色金属冶炼、石油开采、石油加工、化工、焦化、电镀、制革等行业，以及产粮（油）大县、地级以上城市建成区等区域。二是继续在湖南长株潭地区开展重金属污染耕地修复及农作物种植结构调整试点。三是严格执行重金属污染物排放标准并落实相关总量控制指标，加大监督检查力度，对整改后仍不达标的企业，依法责令其停业、关闭，并将企业名单向社会公开。继续淘汰涉重金属重点行业落后产能，完善重金属相关行业准入条件，禁止新建落后产能或产能严重过剩行业的建设项目。制定涉重金属重点工业行业清洁生产技术推行方案，鼓励企业采用先进适用生产工艺和技术。2020年重点行业的重点重金属排放量要比2013年下降10%。四是强化废氧化汞电池、镍镉电池、铅酸蓄电池和含汞荧光灯管、温度计等含重金属废物的安全处置。五是开展土壤环境基准、土壤环境容量与承载能力、污染物迁移转化规律、污染生态效应、重金属低积累作物和修复植物筛选，以及土壤污染与农产品质量、人体健康关系等方面基础研究。六是中央财政整合重金属污染防治专项资金等，设立土壤污染防治专项资金，用于土壤环境调查与监测评估、监督管理、治理与修复等工作。有条件的省（区、市）可对优先保护类耕地面积增加的县（市、区）予以适当奖励。统筹安排专项建设基金，支持企业对涉重金属落后生产工艺和设备进行技术改造。

为了加快治理土壤污染尤其是重金属污染，湖南省政府决定将湘江污染防治作为"一号重点工程"，连续实施三个"三年行动计划"（2013—2021年）。第一个"三年行动计划"（2013—2015年）以"堵源头"为主要任务，深化有色、化工等重点行业工业企业污染治理，削减重金属等污染物排放总量；推进矿山、尾矿库、渣场专项整治，严控污染扩散，到2015年涉重金属企业数量和重金属污染物排放量比2008年下降50%。第二个"三年行动计划"（2016—2018年）实施"治"与"调"并举，推进工业企业污染深度治理，进一步削减污染物排放总量。第三个"三年行动计划"（2019—2021年）重点是巩固和提高，围绕"天更蓝、山更绿、水更清"进一步实施综合措施，推进产业优化升级，两岸城乡环保基础设施进一步完善，深化土壤污染治理和生态修复，使两型社会建设、绿色湖南建设的主要指标值在湘江流域得到全面提升。

湖南省土壤重金属污染治理是全国的一个缩影。2016年5月28日，国务院印发《土壤污染防治行动计划》（国发〔2016〕31号），并于印发之日起实施。根据党中央、国务院的要求，全国各地均迅速展开了土壤重金属污染治理。据不完全统计，江苏、广东、山东、辽宁、北京、上海、天津、湖南、山西、贵州、广西等省、自治区、直辖市政府先后出台土壤污染治理方案，提出明确目标，加快推进治理，并取得了一定成效。

5.4.2 畜禽养殖污染综合治理

习近平总书记指出"要抓紧完善法律法规，加强对农产品生产环境的管理，完善农产品产地环境监测网络，切断污染物进入农田的链条。对受污染严重的耕地、水等，要划定食用农产品生产禁止区域，进行集中修复"。我国是畜牧业大国，随着畜禽养殖规模不断扩大，畜禽粪便、污水等养殖废弃物的产生量也迅速增加，畜禽养殖污染已成为我国农业污染首要来源，并对农产品质量安全造成了严重影响。为全面贯彻习近平总书记的要求，努力解决畜禽养殖生产布局与环境保护不够协调、畜禽养殖者的污染防治义务不够明确、畜禽养殖废弃物综合利用的规范和要求不够具体、畜禽养殖污染防治和综合利用的激励机制不够完善等突出问题，2013年11月11日，国务院总理李克强签署发布《畜禽规模养殖污染防治条例》（国务院令第643号），并自2014年1月1日起施行。2016年12月，国务院发布《关于印发“十三五”生态环境保护规划的通知》（国发〔2016〕65号），要求各地划定禁止建设畜禽规模养殖场（小区）区域，加强分区分类管理，以废弃物资源化利用为途径，整县推进畜禽养

案例

广西畜禽生态养殖的模式与成效

畜牧业是广西农业的重要组成部分，是农民增收的重要渠道。广西壮族自治区党委、政府从统筹推进山清水秀生态美和畜牧业健康发展的高度，提出发展畜禽现代生态养殖的战略任务，自治区人民政府办公厅专门印发《广西现代生态养殖“十三五”规划》（桂政办发〔2016〕175号）提出明确发展目标：力争到2020年实现养殖过程生态安全、环境生态安全、产品质量安全“三安全”，以及经济效益、社会效益、生态效益“三效益”共赢的目标，规模化养殖场生态养殖比重达90%以上。

广西畜禽生态养殖的基本模式内涵是：畜禽栏舍生态化＋微生物（益利菌）的全程应用。生态化栏舍的主要功能是节水控污和环境可控，从源头上最大限度减少污水的产生，最大限度地保障动物福利，保障畜禽健康少病，保障微生物（益生菌）正常繁殖发挥作用。具体的生态化栏舍模式包括：生猪生态化栏舍（清粪不冲水的漏缝地板＋饮水不溢水的饮水器＋自动刮粪板＋粪污异位发酵床），肉（奶）牛生态化栏舍（全空间雨污分流设施＋垫料地板＋防溢水饮水器），肉（蛋）鸡生态化栏舍（温度湿度控制设施＋生物垫料＋粪污预处理设施）等。2016年，广西通过“畜禽现代生态养殖场”认证的有241个场，建成并实施高架网床的养殖场超500家，应用微生物的养殖场828家，畜禽生态养殖取得实实在在的效果。预计到2020年，全区规模化养殖场生态养殖比重达90%以上，每个乡镇建成农村人畜分离生态养殖示范村1个以上；渔业生态养殖面积占水产养殖总面积80%以上。

资料来源：广西壮族自治区农业委员会提供。

殖污染防治。养殖密集区推行粪污集中处理和资源化综合利用，并要求各地区于2017年底前依法关闭或搬迁禁养区内的畜禽养殖场（小区）和养殖专业户。

根据习近平总书记与国务院的要求，农业部将畜禽粪污资源化利用行动纳入了“农业绿色发展五大行动”，通过种养结合的方式推进畜禽粪污治理。各地从实际出发全面推进畜禽养殖污染的综合治理。江苏省自2016年开始将畜禽养殖污染治理纳入全省“两减六治三提升”专项行动之中，提出“全面清理整顿非法和不符合规范标准的养殖场（小区）、养殖专业户，要求到2017年、2020年规模化养殖场（小区）治理率分别达到60%、90%”。截至2017年5月26日，全省13个设区市全部完成禁养区的划定，应关停养殖场户9 159家，已关闭搬迁养殖场户7 001家，完成动态任务量的76.4%；全省生猪小散养殖场户（出栏500头以下）较2015年减少11.4万户，降幅达20.9%，全省生猪大中型规模养殖比重达66%。截至2017年底，江苏全省已全部完成畜禽禁养区划定和养殖场户的关闭搬迁任务，在2015—2017年江苏全省累计关闭畜禽养殖场10 372家，建立16 837个非禁养区养殖场治理清单，通过治理认定的规模畜禽养殖场达到12 137家。通过全国共同努力，畜禽养殖污染综合治理取得了积极的效果。到2017年底，全国畜禽粪污综合利用率已达到60%以上。预计到2020年全国畜禽养殖废弃物综合利用率将达到75%以上[①]。

5.5 农产品质量安全的专项治理

多年来，全国农业农村系统严格按照《农产品质量安全法》等有关法律法规和相关司法解释，聚焦农兽药残留、非法添加、违禁使用、私屠滥宰及注水和注入其他物质、制假售假等突出问题，开展专项治理行动与农业生产资料

---

① 新华日报，2017. 全省13个设区市全部完成禁养区划定 [EB/OL]. http：//jsnews.jschina.com.cn/jsyw/，6月2日.

打假专项治理，针对重点时段、重点区域、重点产品和薄弱环节，坚持问题导向，加大巡查检查、监督抽查与打假力度，推动农产品质量安全水平稳中有升。下文以农业生产资料打假与“三鱼两药”的专项治理为主要案例，就农产品质量安全的专项治理行动等展开简要的阐述。

5.5.1 农业生产资料打假专项治理

农业生产资料（简称农资）是重要的农业投入品，是发展现代农业与确保农产品质量安全的重要物资基础。新世纪初开始，农业部门在农业生产重点时节每年均组织开展农资打假专项治理行动。党的十八大以来，以习近平总书记“四个最严”为遵循，农业部门更加突出问题导向，主动出击，始终保持高压态势，持之以恒地展开农业生产资料打假专项治理，取得了显著的成效。

问答

问：什么是农业生产资料？

答：农业生产资料（简称农资）是指用于农产品（农作物）生产和保证农产品生产过程顺利进行的物质材料及其他物品，包括化肥、农药、种子、种畜禽、兽药、饲料、草种、热作种子和种苗、农机、农膜、渔业生产资料、农村能源等。

资料来源：江南大学食品安全风险治理研究院提供。

2017年是连续展开农资打假专项治理的第17个年头，全国各级农业部门深入开展打击制售假劣农资坑农害农行为，共出动执法人员152万人次，检查农资企业89万家，整顿市场20万个，查处案件1.65万件，捣毁制假窝点219个，为农民挽回经济损失4.6亿元。与此同时，农业农村部公布2017年农资打假十大典型案件，其中种子案3件，肥料案3件，农药案1件，饲料案1件，兽药案2件，有力地震慑了犯罪分子。据统计，2013—

2017年全国各级农业、工商和市场监管部门累计立案查处假劣农资案件26.4万件，检查企业590万次、市场102万次，为农民挽回直接经济损失34亿元[①]（图5-7）。

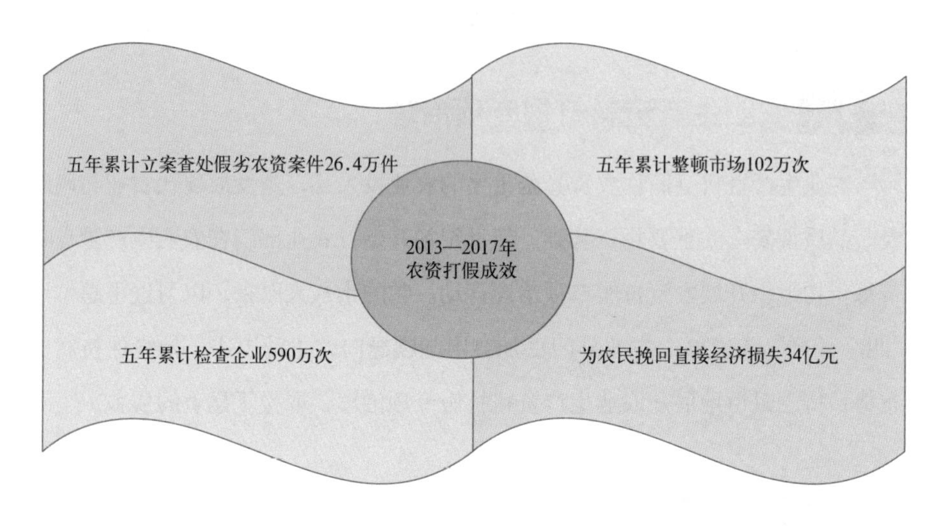

图5-7　2013—2017年农业生产资料打假成效

资料来源：吴林海，陈秀娟，尹世久，等，2018. 中国食品安全发展报告（2018）[M]. 北京：北京大学出版社.

2017年，全国“两杂”种子（杂交玉米和杂交水稻）、兽药、饲料产品抽检合格率分别达到98.00%、97.00%和97.40%，比2013年分别提高0.49%、3.55%和1.34%（图5-8）。国家质量监督检验检疫总局发布的《2017年国家监督抽查产品质量状况的公告》显示，2017年，全国抽查了13种1 459家企业生产的1 463批次产品的农业生产资料，抽查合格率为94.80%，分别比2012年、2016年提高了4.1和1.7个百分点（图5-9）[②]。经过持续的农资打假专项治理行动，目前全国农资质量明显好转，农资市场秩序稳中向好，有效地维护了农民合法权益，有力保障了农产品质量安全。

① 人民日报，2018. 今年农资打假专项治理行动开展［EB/OL］. http：//paper.people.com.cn/，3月31日.

② 资料来源：《质检总局关于公布2017年国家监督抽查产品质量状况的公告》。

拓展阅读

农业农村部公布2017年农资打假十大典型案件

2018年3月30日，新组建的农业农村部公布2017年农资打假十大典型案件。分别是：河南省畜牧局查处陈某飞团伙无证生产经营兽药案；河南省漯河市畜牧局查处张某锋无证生产经营兽药案；内蒙古呼伦贝尔市农牧业局查处阿荣旗金秋农资有限公司经营假玉米种子案；山西省晋城市农业局查处山西中农坤玉种业有限公司生产经营假玉米种子案；江西省农业厅查处湖南民生种业科技有限公司销售应当审定未经审定水稻种子案；湖北省老河口市农业局查处江苏帆邦生物科技有限公司经营假农药案；湖北省襄阳市襄州区农业局查处淮阳县格林斯达生物肥业有限公司生产销售不合格水溶肥料案；广西壮族自治区来宾市忻城县农业局查处吴某才等人违法销售无证肥料产品案；河南省南阳市桐柏县农业局查处河南郑大肥业有限公司生产销售不合格肥料案；河南省周口市郸城县畜牧局查处宋某锋未取得生产许可证生产饲料案。

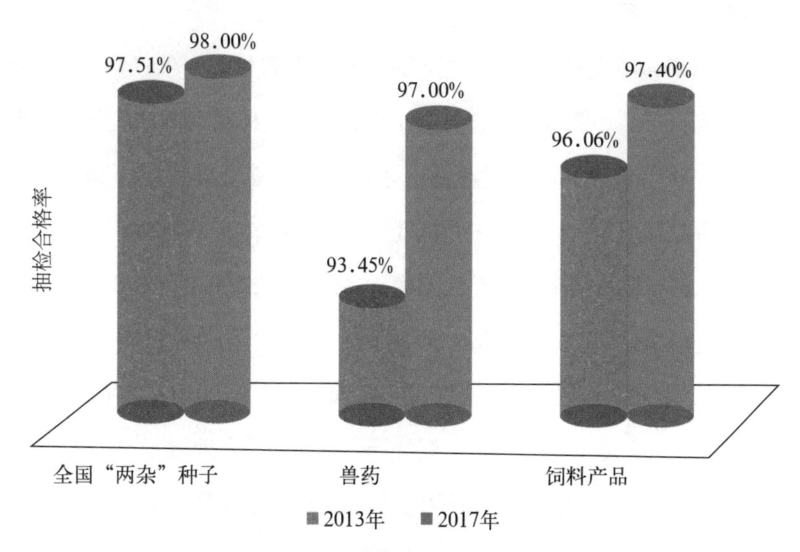

图5-8　2013年、2017年全国“两杂”种子、兽药、饲料产品合格率比较

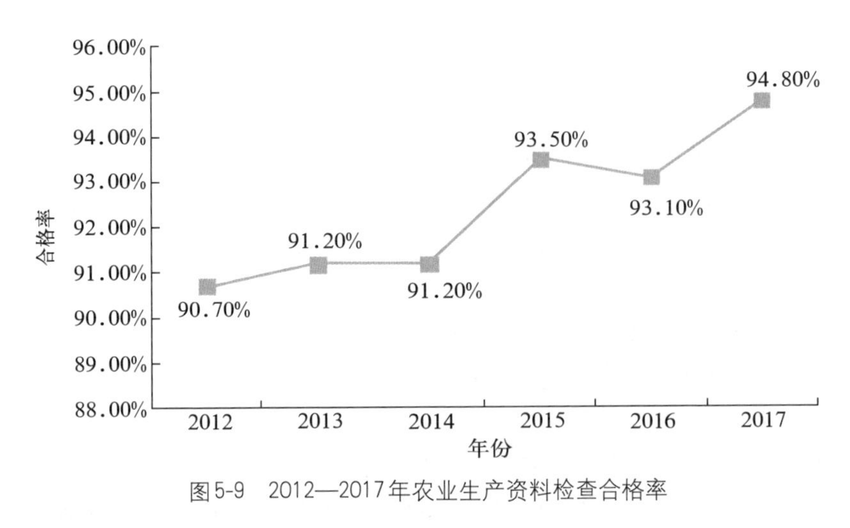

图5-9 2012—2017年农业生产资料检查合格率

5.5.2 “三鱼两药”的专项治理

水产品滥用药物或非法添加禁用化合物屡禁不止，引发社会关注。为着力解决“三鱼”（大菱鲆、乌鳢、鳜）药物残留超标问题，严厉查处违规经营“两药”（孔雀石绿、硝基呋喃）行为，全国农业与渔业部门重点实施了“三鱼两药”的专项治理行动。

2013年以来，中央财政每年安排产地水产品监督抽查专项经费3 500万元左右，用于养殖水产品和苗种等监督抽查工作，共抽检样品50 000余个，连续5年合格率保持在99%以上，没有发生重大水产品质量安全事件。自2013年以来，全国农业与渔业部门连续开展“三鱼两药”专项整治，2013—2017年的5年间共检测三鱼、孔雀石绿和硝基呋喃类代谢物样品分别为2 500个、24 000个和10 000个，2017年合格率分别达到99.5%、99.8%、99.7%。坚持检打联动，超标样品查处率100%，要求各地按照有关规定进行查处，2014—2016年，农业部组织对超标样品地区进行了专项执法督查。据统计，近年来，各地每年用于水产品质量安全监管经费约3亿元，抽检样品15万多个，出动执法人员10万人次①。

① 吴林海，王晓莉，尹世久，等，2015．中国食品安全风险治理体系与治理能力考察报告［M］．北京：中国社会科学出版社．

与此同时，国家食品药品监督管理总局（现国家市场监督管理总局）开展了经营环节鲜活水产品抽检监测。2016—2017年国家食品药品监督管理总局在北京、上海、杭州等城市继续组织开展经营环节鲜活水产品抽检监测，共在批发市场、集贸市场、超市以及餐馆等812家水产品经营单位，随机抽取大菱鲆、乌鳢、鳜等鲜活水产品1 415批次，检验项目为孔雀石绿、硝基呋喃类代谢物、氯霉素（表5-1），经营环节鲜活水产品抽检监测取得了明显成效。

表5-1　2016年、2017年国家食品药品监督管理总局经营环节重点水产品专项检查情况

	2017年	2016年
地域范围	北京、沈阳、石家庄、济南、上海、杭州、南京、武汉、成都、西安、广州、福州等12个大中城市	
场所类型	批发市场、集贸市场、超市、餐馆等	
产品种类（个）	多宝鱼（大菱鲆）、黑鱼（乌鳢）、桂鱼（鳜）等鲜活水产品	
检验项目（项）	孔雀石绿、硝基呋喃类药物、氯霉素	
抽检单位数（家）	468	344

孔雀石绿的危害

孔雀石绿是一种三氯甲烷型的绿色染料，也是杀菌剂，易溶于水，养殖户常用它来预防鱼类的水霉病、鳃霉病、小瓜虫病等。由于孔雀石绿具有高毒素、高残留和致癌、致畸、致突变等副作用，农业部公告第235号《动物性食品中兽药最高残留限量》和我国《食品中可能违法添加的非食用物质和易滥用的食品添加剂名单（第四批）通知》明确规定所有食品禁止使用孔雀石绿。但是因为鱼在运输过程中鱼鳞容易脱落，而掉鳞会引起鱼体霉烂，鱼很快因此死亡，有些不法商贩为了提高运输过程中鱼的存活率，铤而走险加入孔雀石绿。因此，必须依法严厉打击。

资料来源：吴林海，王晓莉，尹世久，等，2015．中国食品安全风险治理体系与治理能力考察报告［M］．北京：中国社会科学出版社．

6 农产品源头“管”的生动实践

习近平总书记指出：食品安全，也是“管”出来的。面对生产经营主体量大面广、各类风险交织形势，靠人盯人监管，成本高，效果也不理想，必须完善监管制度，强化监管手段，形成从田间到餐桌全过程覆盖的监管制度。与此同时，总书记还指出：我国千家万户的小规模农业生产，光靠看是看不住的，要把农民组织起来，通过供销合作社、农民专业合作社、龙头企业等新的经营组织形式和农业社会化服务，再加上政策引导，把一家一户的生产纳入标准化轨道。在总书记看来，保障农产品质量安全，既要注重生产源头治理，又要完善科学的治理体系，还要转变农业发展方式、加快发展现代农业，坚持源头治理、标本兼治。习近平总书记开创性地把农产品质量安全与完善科学的治理体系、发展现代农业有机地结合起来，为保障“舌尖上”的安全指明了方向。党的十八大以来，全国上下认真贯彻习近平总书记的要求，有效推进了新时代农产品质量安全“管”的科学实践。

6.1 完善农产品质量安全风险治理体系

农产品质量安全风险治理体系是一个国家食品安全风险治理体系的重要组成部分。我国农产品质量安全风险治理体系建设起步较晚，始于20世纪80

年代。经过近40余年的努力，特别党的十八大以来，按照中央关于“舌尖上”安全的“四梁八柱”的总体框架，全国农业农村系统与相关职能部门努力衔接并协调保持《农产品质量安全法》和《食品安全法》两法并行，深化完善以农产品质量安全监管横向到边、纵向到底的完整监管体系为核心的风险治理体系，已初步建成了相对完备的风险治理体系，风险治理能力明显提升。

6.1.1 农产品质量安全监管机构日趋完善

农产品质量安全关系公众身体健康和农业产业发展，是农业现代化建设的重要内容。为此，党的十八大以来，地方政府进一步健全农产品质量安全监管机构，基本健全了具有中国特色的“自上而下”相互衔接的农产品质量安全监管机构体系。截至2017年年底，全国所有省（自治区、直辖市）、88%的地

拓展阅读

农产品质量安全监管职能部门形成监管合力

习近平总书记指出：“我们建立食品安全监管协调机制设立相应管理机构，目的就是要解决多头分管、责任不清、职能交叉等问题。定职能、分地盘相对好办，但真正实现上下左右有效衔接还要多下气力、多想办法”。为贯彻总书记要求，2013年食品安全监管机构改革后，按照中央的决策部署，农业部与国家食品药品监管管理总局于2014年签订合作框架协议，联合印发《关于加强食用农产品质量安全监督管理工作的意见》，进一步厘清了监管职责，细化了任务分工，建立了联动机制，形成“从农田到餐桌”全程监管的合力。如，面对农兽药残留问题突出情况，国家卫生和计划生育委员会、农业部和国家食品药品监督管理总局联合执法，并共同下发了《食品安全国家标准食品中农药最大残留限量》(GB 2763—2016)、《全国奶业发展规划（2016—2020年）》等文件。通过持续的深化改革，目前我国食品安全全程供应链体系中政府相关职能部门监管的责任不清、职能交叉的状况有了新的改善。

资料来源：江南大学食品安全风险治理研究院提供。

市、75%的县（区、市）、97%的乡镇建立了农产品质量安全监管机构，落实监管人员11.7万人。

江苏省农产品质量安全监管体系在全国具有代表性。江苏省建有13个设区市级、104个县（市、区）级、1 051个乡镇。到2017年底，省、市、县（市、区）、乡镇四级政府均健全了农产品质量安全监管机构，基层乡镇农产品质量安全监管机构人员数为2 644人。与此同时，建有58个县（市、区）级、292个乡镇级水产品质量安全快速检测室，检测人员887人；建有12家承担省水产质量监督、风险监测及无公害产品认证等市级检测机构。江苏全省已基本健全了省、市、县（市、区）、乡（镇）、村五级的农产品质量安全监管队伍，形成了上下贯通、左右互联、无缝衔接的农产品质量安全网格化监管体系。

6.1.2 农产品质量安全执法体系基本建立

与此同时，党的十八大以来，伴随依法治国战略的深入实施，适应现代农业发展对法治保障的迫切需求，我国农业执法监管的外部条件不断改善，内在支撑不断强化，保障农产品质量安全风险治理的能力不断增强。截至2015年底，浙江、江苏、福建、湖北、贵州、重庆、甘肃、广东等8个省（自治区、直辖市）建立了省级农业执法总队（农业执法局）、市执法支队、县执法大队三级的农业执法机构体系，全国276个市（地、州）、2 332个县（市、区）相应成立了执法支队和执法大队，开展农业执法工作。同时，农机安全监理、草原监理、渔业执法、农产品质量安全体系建设稳步推进。其中，农机监理和草原监理形成了部、省、市、县（市）四级执法体系，全国农机安全监理机构达到2 867个，全国草原监理机构达到914个。渔业行政执法机构体系由原农业部渔政执法机构和地方各级渔政机构组成，全国渔业行政机构近3 000个。目前，全国已经初步建立了以县市为重点，职责明确、层级清楚的农业执法监管体系。

与此同时，党的十八大以来，全国农业部门持之以恒地开展农产品质量安全综合执法，努力推进禁限用农药、兽用抗菌药、“三鱼两药”、生猪屠宰、“瘦肉精”、生鲜乳、农资打假等专项治理行动，依法管控农产品质量安全，有效治理源头风险，发挥了十分显著的效果（表6-1）。

表6-1　2012—2017年农产品质量安全执法情况

执法项目	2012年	2013年	2014年	2015年	2016年	2017年
出动执法人员（人次）	432	310	418	413	454	482
检查生产经营企业（万家次）	317	274	233.3	257	235	267
查处问题（万起）	5.1	5.1	4.6	4.9	3.4	2.9
挽回损失（亿元）	11.7	5.68	7.7	6.22	5.5	5.8

未来我国的农产品质量安全执法体系将进一步得到优化。2016年12月，农业部发布了《全国农业执法监管能力建设规划（2016—2020年）》（农计发〔2016〕100号），作为《全国农业现代化规划（2016—2020年）》的配套规划之一，该规划提出了农业执法监管能力的建设目标，即到2020年建成一批装备完善、反应快速、运转高效、保障有力的部、省、市、县农业综合执法机构；沿海沿江沿湖和主要流域渔业行政执法机构达到标准化、规范化水平；渔业资源调查船需求满足率有效提高；农产品质量安全监管信息化水平显著提高，农产品质量追溯能力明显提升，基本实现向规模化生产经营主体的全覆盖。

问答

问：什么是农业执法？

答：农业执法是农业综合行政执法的简称，它是伴随着提高行政效率、改善行政作风实现农村法制建设的重要价值目标而提出的重要制订改革，是政府部门行使行政权力的一种具体形式。《中华人民共和国行政处罚法》《中华人民共和国农业法》等对此都有具体的明确规定。具体运作包括以下方面：成立执法机构，统一执法人员，统一执法证件、执法文件、执法标志等，严格依据《中华人民共和国行政处罚法》等法律规定，统一执法程序，以强化和完善执法行为的制度性和规范性。农业行政执法的主要内容是：种子执法、农药执法、肥料执法、植物检疫执法、动物防疫执法、种畜禽管理执法、兽药执法、饲料执法、渔业执法、草原执法、农机品监理执法、农产品质量安全执法等。

资料来源：吴林海，陈秀娟，尹世久，等，2018. 中国食品安全发展报告（2018）[M]. 北京：北京大学出版社.

6.1.3 农产品质量安全检测体系初具规模

党的十八大以后，中央政府与地方各级政府进一步加强了食用农产品质量检测体系建设，食用农产品质量检验检测体系逐步建立，检验检测能力有了很大提升。截至2017年底，国家累计投资已达130亿元，支持建设部、省、地、县四级农产品质检机构3 332个，其他质检机构1 821个，落实检测人员3.5万人，每年承担政府委托检测样品量1 260万个，基本实现了部、省、地、县全覆盖，监测资源统筹、信息共享和上下联动，检测能力迅速提升（图6-1）。一个以部级中心为龙头、省级中心为骨干、地市级质检中心为支撑、县级质检站为基础、乡镇监测点为延伸的农产品质量安全检验检测体系已基本形成。农业系统

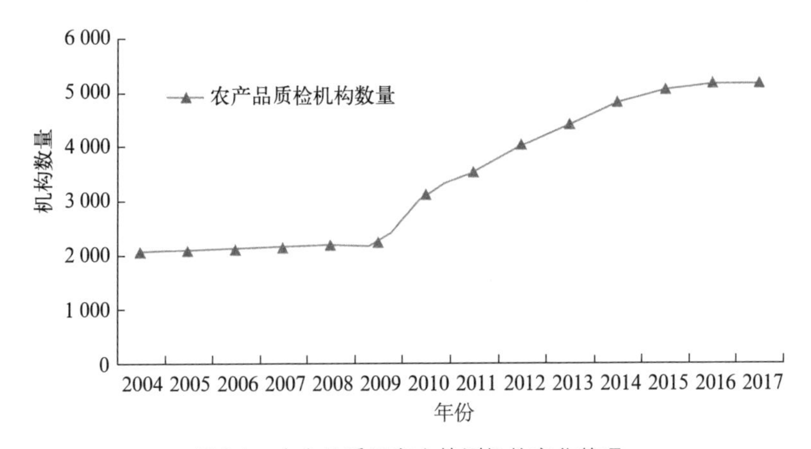

图6-1　农产品质量安全检测机构变化状况

资料来源：吴林海，陈秀娟，尹世久，等，2018. 中国食品安全发展报告2018 [M]. 北京：北京大学出版社.

通过连续开展质检机构负责人培训、基层检测技术人员竞赛等各种形式活动，各级质检机构的技术能力得到大幅提升。

拓展阅读

农业部组织开展了检测技能大赛，获奖选手荣获“全国五一劳动奖章”或“全国技术能手”称号，“农产品质量安全检测员”正式纳入《国家职业分类大典》。2016年11月25～28日，由农业部会同中华全国总工会、人力资源和社会保障部在全国部署开展的“2016年中国技能大赛——第三届全国农产品质量安全检测技能竞赛”总决赛在北京举行，全国31个省（区、市）和新疆生产建设兵团共32支代表队95名选手参赛，共有3名选手获人力资源和社会保障部颁发的“全国技术能手”称号。

资料来源：农业部网站,2016. 农业部关于2016年中国技能大赛——第三届全国农产品质量安全检测技能竞赛情况的通报 [EB/OL]. http://jiuban.moa.gov.cn/zwllm/tzgg/tz/201612/t20161216_5409170.htm, 12月9日.

为不断提高农业质检机构质量控制与运行管理水平，确保检测数据准确可靠，农业部紧抓全国农产品质量安全检测技术能力验证考核工作，并且向全社会公布考核情况。2017年，农业部组织对全国306家部级、国家级和地方检测机构，以及无公害农产品检测机构进行了能力验证考核，主要集中于农产品中的重金属检测能力验证，畜禽产品中违禁添加物和兽药残留检测能力验证，水产品中药物残留检测能力验证，牛奶中糠氨酸、乳果糖和黄曲霉毒素M1的检测能力验证，土壤中重金属检测能力验证，肥料中养分检测能力验证等。考核项目总计136项，基本涵盖各类农产品质量安全检验检测涉及的关键指标。306家参加考核的质检机构共有256家合格，50家机构评定为不合格。与此同时，北京、天津等22个省（自治区、直辖市）的24个农业（农牧）、畜牧兽医、渔业行政主管部门组织开展了本地区的农产品质量安全检测技术能力验证工作，共有745家省级能力验证机构参加。

图说

2017年的全国农产品质量安全检测技术能力验证考核结果显示，共有306家部级、国家级和地方检测机构，及无公害农产品检测机构参加了此次部级能力验证考核。按机构属性，部级和国家级质检机构133家，地方农业质检机构124家，第三方及其他检测机构49家。按参加考核类别，199家参加了农产品中农药残留检测能力验证，167家参加了农产品中重金属检测能力验证，88家参加了畜禽产品中违禁添加物和兽药残留检测能力验证，80家参加了水产品中药物残留检测能力验证，47家参加了牛奶中糠氨酸、乳果糖和黄曲霉毒素M1的检测能力验证，61家参加了土壤中重金属检测能力验证，33家参加了肥料中养分检测能力验证。考核项目总计136项，基本涵盖各类农产品质量安全检验检测涉及的关键指标，能够有效考核各参加验证机构能力水平。通过能力验证专家组对能力验证结果的技术审查和综合评价，306家参加考核的质检机构共256家合格。

资料来源：农业部网站，2017. 农业部办公厅关于2017年全国农产品质量安全检测技术能力验证考核情况的通报 [EB/OL]. http://www.moa.gov.cn/govpublic/ncpzlaq/201711/t20171103_5859937.htm，10月24日.

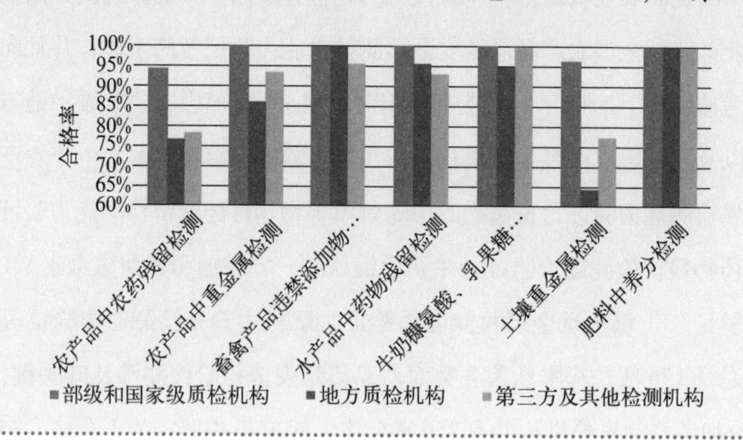

党的十八大以来，根据农产品质量安全法和食品安全法，农业部全面推进农产品质量安全风险评估工作，健全风险评估体系。到2017年，全国建有1家国家农产品质量安全风险评估机构、105家专业性或区域性风险评估实验室、

148家主产区风险评估实验站和1万多个风险评估实验监测点，已形成了以国家农产品质量安全风险评估机构为龙头，以农业部专业性和区域性农产品质量安全风险评估实验室为主体，以各主产区农产品质量安全风险评估实验站和农产品生产基地质量安全风险评估国家观测点为基础的较为完善的农产品质量安全风险评估体系。重点围绕“菜篮子”“果盘子”“米袋子”等农产品，从田间到餐桌的全程每个环节进行跟踪调查，发现问题，针对隐患大、问题多的环节进行质量安全风险评估。评估对象有蔬菜、果品、茶叶、食用菌、粮油产品、畜禽产品、生鲜奶、水产品等。对农产品生产过程中的病虫害发生状况及农药、植物生长调节剂等化学品使用种类、次数、浓度等进行详细调查并进行样品采集，对农药残留及其他植物调节剂进行检测分析，对农产品的收、贮、运等各个环节进行质量安全风险评估。与此同时，农业部努力构建农产品质量安全风险评估与监测数据平台，形成了国家农产品质量安全监测信息平台数据上报系统、国家农产品质量安全监测信息平台数据分析系统、国家农产品质量安全监测信息平台综合管理系统以及农产品质量安全风险评估系统，致力于提升农产品质量安全监测预警和应急处置能力。所有这些，为保障我国食用农产品质量安全发挥了重要的技术支撑作用。

拓展阅读

2017年度国家农产品质量安全风险评估财政专项，共设15个评估专项，37个评估项目，组织开展4次例行监测。对31个省（自治区、直辖市）155个大中城市、110种农产品，监测农兽药残留和非法添加物参数94项，基本覆盖主要农产品产销区、老百姓日常消费的大宗农产品和主要风险指标。通过监测及时发现并督促整改了一大批不合格问题。对蔬菜、粮油、畜禽、奶产品等重点食用农产品进行风险评估，初步摸清风险隐患及分布范围、产生原因。

2018年国家农产品质量安全例行监测（风险监测）计划突出三个重

点：一是突出重点指标。重点增加农药和兽用抗生素等影响农产品质量安全水平的监测指标，由2017年的94项增加到2018年的122项，增幅29.8%，增强监测工作的科学性和针对性。二是突出重点品种。重点抽检蔬菜、水果、茶叶、畜禽产品和水产品等5大类老百姓日常消费量大的大宗鲜活农产品，约110个品种4.05万个样品。三是突出重点范围。抽检范围重点涵盖全国31个地区150多个大中城市的蔬菜生产基地、生猪屠宰场、水产品运输车或暂养池、农产品批发市场、农贸市场和超市，实施精准监管。

资料来源：吴林海，陈秀娟，尹世久，等，2018. 中国食品安全发展报告2018 [M]. 北京：北京大学出版社.

6.2 质量兴农与健全标准体系

标准是农产品质量安全的核心，是监管执法的基本依据。健全农产品质量安全标准体系，推动农产品标准化生产既是科学治理源头风险的治本之策，也是转变农业发展方式和建设现代农业的重要抓手。多年来，全国农业部门一方面以质量兴农为抓手，大力实施农产品标准化生产；一方面积极会同国家卫生行政管理与食药监管部门全力健全农产品质量安全标准体系，对保障农产品质量安全发挥了重要作用。

6.2.1 农药残留标准体系基本形成

习近平总书记指出“食品安全涉及的环节和因素很多，但源头在农产品，基础在农业”。“最严谨的标准”体系必须从农产品标准体系开始。农药是农业的基本生产资料，但农药残留所固有的化学毒性既会对食用农产品质量安全产生隐患，又会对农业生态环境造成破坏。因此，农药最大残留限量标准既是保证食品安全的基础，也是促进生产者遵守良好农业规范，控制不必要的农药使用，保护生态环境的基础。2005年，我国时隔24年后首次修订食品农药残留监管的唯一强制性国家标准——《食品中农药最大残留限量》（GB 2763—2005），GB 2763—2005代替并废止了GB 2763—1981等34个食品中农药残留限量标准，在原有基础上扩大了标准覆盖面积；2012年，我国对GB 2763—2005展开修订，形成的新标准涵盖了322种农药在10大类食品中的2 293个残留限量，较原标准增加了1 400余个，改善了之前许多农残标准交叉、混乱、老化等问题；2014年，国家卫计委、农业部联合发布了涵盖387种农药在284种（类）食品中3 650项限量标准的GB 2763—2014，其中1 999项指标国际食物法典已制定限量标准，我国有1 811项等同于或严于国际食物法典标准。“十二五”期间，我国在农产品标准制（修）订上，共制定了农药残留限量标准4 140项、兽药残留限量标准1 584项、农业国家标准行业标准1 800余

拓展阅读

国内外农产品最大农药残留限量（MRLs）标准体系

农药残留是指农药使用后残存于生物体、农副产品和环境中的微量农药原体、有毒代谢物、降解物和杂质的总称。目前国际上通常用最大农药残留限量（MRLs）作为判定农产品质量安全的标准。目前我们接触到较多的MRLs标准体系主要有：国际食品法典委员会（CAC）的MRLs体系、欧盟、日本、澳大利亚和新西兰以及中国的MRLs体系。其中，CAC的MRLs体系最具有影响力。国际食品法典委员会是由联合国粮农组织和世界卫生组织共同建立，以保障消费者的健康和确保食品贸易公平为宗旨的一个制定国际食品标准的政府间组织。现有的食品法典标准都主要是由其各分委员会审议、制定，然后经CAC大会审议后通过，食品及农产品中农药最大残留限量（MRLs）标准由其下属分委员会——国际食品法典农药残留委员会（CCPR）负责制定。

资料来源：吴林海，陈秀娟，尹世久，等，2018．中国食品安全发展报告2018［M］．北京：北京大学出版社．

项，清理了413项农残检测方法标准。与此同时，各地因地制宜制定了1.8万项农业生产技术规范和操作规程，加大农业标准化宣传培训和应用指导，农业生产经营主体安全意识和质量控制能力明显提高。2016年，农兽药残留标准制（修）订步伐进一步加快，修订发布的《食品中农药最大残留限量》(GB 2763—2016)，新制定农兽药残留限量标准1 310项、农业国家行业标准307项，标准化水平稳步提升（图6-2）。截至2017年底，我国农药残留检测方法标准近1 000项，其中，国家标准303项，包括强制性标准106项，推荐性标准197项，行业标准已超过500项，地方标准54项。从发展趋势上来看，行业标准、地方标准、企业标准等逐渐废止，统一采用现行国家标准作为检测方法标准，检测方法多以高效液相色谱、气相色谱以及两者与质谱串联为主，这将为我国农药残留的检测进一步提供了重要的技术依据[①]。

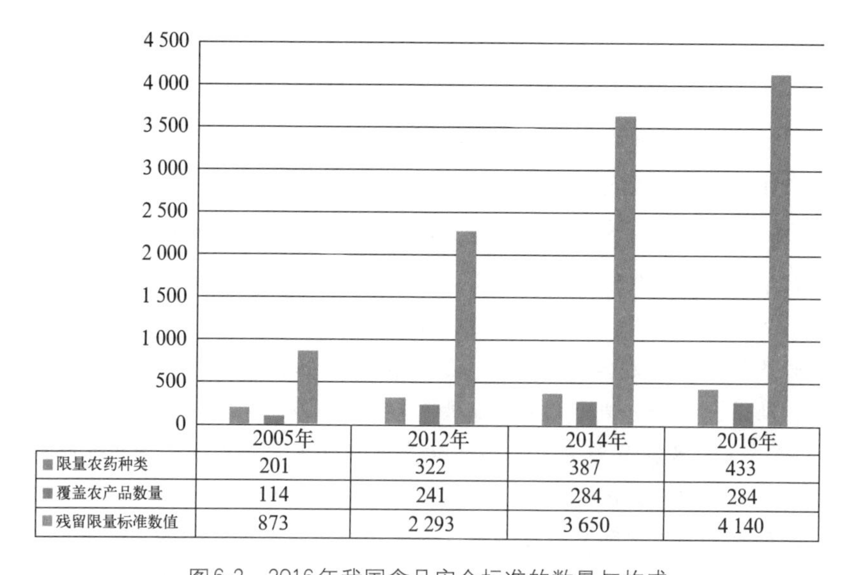

	2005年	2012年	2014年	2016年
■限量农药种类	201	322	387	433
■覆盖农产品数量	114	241	284	284
■残留限量标准数值	873	2 293	3 650	4 140

图6-2　2016年我国食品安全标准的数量与构成

资料来源：吴林海，陈秀娟，尹世久，等，2018．中国食品安全发展报告2018［M］．北京：北京大学出版社．

① 吴林海，陈秀娟，尹世久，等，2018．中国食品安全发展报告（2018）［M］．北京：北京大学出版社．

与此同时，农业部还组织制定了《加快完善我国农药残留标准体系工作方案（2015—2020）》，力争到2020年我国农药残留限量标准数量达到1万项，形成基本覆盖主要农产品的完善配套的农药残留标准体系，基本实现“生产有标可依、产品有标可检、执法有标可判”的目标。

拓展阅读

2018年农药残留限量标准推进目标

2018年2月9日，农业部办公厅发布了关于印发《2018年农产品质量安全工作要点》的通知，通知紧紧围绕“农业质量年”这个主题，要求全面推进农业绿色发展，全面清理制定的农业国家标准、行业标准和地方标准，废止与农业绿色发展不适应的标准；重点制定蔬菜水果和特色农产品的农药残留限量标准和畜禽屠宰、饲料卫生安全、冷链物流、畜禽粪污资源化利用、水产养殖尾水排放等国家标准和行业标准；发布兽药最大残留限量和2018年版农药残留最大限量食品安全国家标准；新制定农药残留限量标准1 000项、兽药残留标准100项、其他行业标准200项；制定农业标准制（修）订管理办法及相关制度，对已列入农业国家标准和行业标准制（修）订计划的项目实施督导检查；启动开展农产品品质、营养标准的研制；制定《农作物种子质量标准制（修）订工作方案》和《进口农产品的农药残留限量标准制定指南》，编制《加快完善我国兽药残留标准体系的工作方案（2018—2025年）》；鼓励和规范有条件的社会团体制定农业团体标准。

6.2.2 农产品标准化生产示范活动扎实推进

党的十八大以来，农业生产标准化体系建设明显提速，标准化科学管理水平持续提升，生产标准化在农业生产、农产品质量安全的基础性、引领性、战略性作用愈发凸显。突出的亮点是，持续创建“三园两场一县”（标准化果园、菜园、茶园，标准化畜禽养殖场、水产健康养殖场和农业标准化示范县）

和“三品一标”（无公害农产品、绿色食品、有机农产品和农产品地理标志）。2013年，创建“三园两场”2 401个，新认证无公害农产品3 040个，绿色食品1 951个，有机食品319个。截至2013年底，全国范围内已有5 500多个“三园两场”，10.1万个“三品一标”农产品。2014年，创建“三园两场”1 700个、标准化示范县46个，新认证无公害农产品11 912个，绿色食品7 335个，有机食品3 316个，“三品一标”农产品总数达到10.7万个，无公害农产品、绿色食品产品、有机食品抽检总体合格率分别达到99.2%、99.5%、98.4%，均明显高于农业部农产品质量安全例行监测的总体合格率。2016年，全国建设

图说

无公害农产品、绿色食品、有机农产品和农产品地理标志

无公害农产品、绿色食品、有机农产品和农产品地理标志（简称“三品一标”）是我国重要的安全优质农产品公共品牌。经过多年发展，“三品一标”工作取得了明显成效，为提升农产品质量安全水平、促进农业提质增效和农民增收等发挥了重要作用。为进一步推进“三品一标”持续健康发展，2016年5月，农业部颁布实施《关于推进“三品一标”持续健康发展的意见》（农质发〔2016〕6号），提出力争通过5年左右的推进，使“三品一标”生产规模进一步扩大，产品质量安全稳定在较高水平。“三品一标”获证产品数量年增幅保持在6%以上，产地环境监测面积达到占食用农产品生产总面积的40%，获证产品抽检合格率保持在98%以上，率先实现了“三品一标”产品可追溯。

资料来源：尹世久，2013. 信息不对称、认证有效性与消费者偏好[M]. 北京：中国社会科学出版社.

800个果菜茶标准园，6 851个畜禽水产养殖示范场，新认证2万个“三品一标”农产品，“三品一标”抽检合格率为98.8%。2017年，“三品一标”工作又取得新进展，抽检合格率稳定在98%以上，获证产品总数达到121 546个，比2016年增长12.4%。与此同时，全国农产品注册商标已达240余万件，国家质检总局已对1 992个地理标志产品实施保护。截至2017年底，全国“三品一标”种植面积4.5万亿亩，约占同类农产品种植面积的17%；全国范围内已经创建蔬菜水果茶叶标准园、热作标准化生产示范园、畜禽标准化示范场和水产健康养殖场示范场11 280个。

拓展阅读

水产品的“三品一标”状况

截至2017年底，全国创建水产健康养殖示范场6 129家，全国渔业健康养殖示范县29个，水产品“三品一标”总数达到1.27万个，占农产品总数的12%，其中无公害水产品1.15万个，绿色水产品655个，有机水产品379个，地理标志水产品173个。

资料来源：农业农村部，2018. 水产品质量安全治理成效显著 [EB/OL]. http://www.moa.gov.cn/xw/zwdt/201801/t20180115_6134985.htm，1月15日.

6.2.3 农产品标准化生产向纵深发展

党的十八大以来，在扎实推进示范活动的基础上，农产品标准化生产向纵深发展，广度与深度有了新的提升，覆盖面不断扩大，新型农业经营主体成为农产品标准化生产的重要载体。2017年上半年，经济日报社中国经济趋势研究院新型农业经营主体调研组陆续发布了《新型农业经营主体发展指数调查》。该调查表明，2015年获得“三品”（无公害农产品、绿色农产品、有机农产品）认证的新型农业经营主体为688家，占总样本的17.41%，销售认证农产品的平均金额为13.79万元，现阶段我国新型农业经营主体所销售的"三品"认证农产品总额为6 535.63亿元，约占全国农业总产值的6.10%，在高品质农产品生产中扮演着十分重要的角色，对于有效推动农产品供给侧结构性改革具有重要的积极意义。

图说

农业产业化龙头企业、HACCP、ISO 9000质量体系认证

农业产业化龙头企业是指以农产品加工或流通为主，通过各种利益联结机制与农户相联系，带动农户进入市场，使农产品生产、加工、销售有机结合、相互促进，在规模和经营指标上达到规定标准并经政府有关部门认定的企业。

质量管理体系（quality management system，QMS）是指在质量方面指挥和控制组织的管理体系。质量管理体系是组织内部建立的、为实现质量目标所必需的、系统的质量管理模式，是组织的一项战略决策。ISO 9000标准是国际标准化组织（ISO）在1994年提出的概念，是由ISO/TC176（国际标准化组织质量管理和质量保证技术委员会）制定的国际标准。

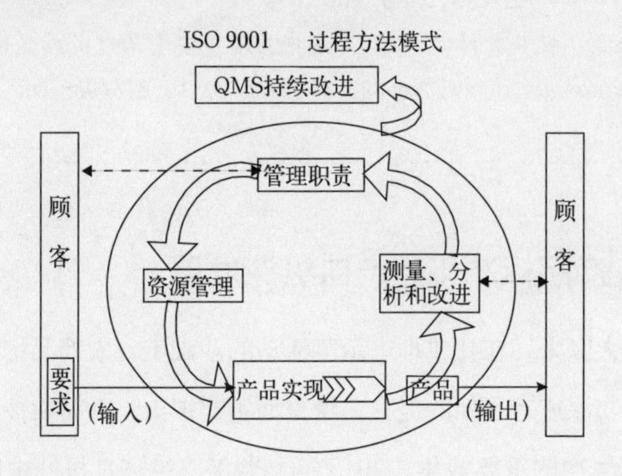

HACCP体系是hazard analysis critical control point的英文缩写，表示危害分析的临界控制点。HACCP体系是国际上共同认可和接受的食品安全保证体系，主要是对食品中微生物、化学和物理危害进行安全控制。

值得一提的是农业龙头企业。农业产业化龙头企业是产业化经营的组织者，一端与广大农户链接，另一端与流通商或消费者链接，充当着农产品供需市场的桥梁，同时也是产业化经营的营运中心、技术创新主体和市场开拓者，在经营决策中处于主导地位，起着关键枢纽的作用。《中国农业发展报告2017》相关数据显示，我国省级以上农业产业化龙头企业在认证、检疫、质检等方面投入约为189亿元，增长了7.29%；超过70%的农业产业化龙头企业通过了HACCP、ISO9000等质量体系认证。截至2016年年底，我国农业产业化组织数量达41.7万个，比2015年底增长8.01%。其中，农业产业化龙头企业达13.03万个，比同期增长了1.27%。农业产业化龙头企业年销售收入约为9.73万亿元，增长了5.91%，所提供农产品及加工制品占农产品市场供应量

拓展阅读

农业龙头企业、农业合作社大力发展“三品一标”

《中国农业发展报告2017》相关数据显示，我国省级以上农业产业化龙头企业获得无公害农产品、绿色食品、有机农产品和农产品地理标志认证的企业数量增长达11.78%，产品数量增长约为9.84%，超过50%的农业产业化龙头企业获得了省级以上名牌、著名（驰名）商标荣誉。相较其他新型农业经营主体，农业产业化龙头企业在“三标一品”建设方面更显成果。以黑龙江为例，截至2017年，黑龙江全省拥有中国驰名商标16个，地理标志农产品40个。

来自农业部的数据，截至2016年年底，17万家农业合作社实施农产品标准化生产、注册产品商标，4.3万家合作社通过“三品一标”农产品质量认证。同时，合作社在市场需求导向下由传统单一的生产端逐渐向市场端延伸，实现种植养殖、加工、销售等环节的内生融合。两万多家合作社创办加工实体，两万多家合作社开设社区直销店实现“农社对接”。

资料来源：毛晓雅，2017. 书写“合”力兴农的扛鼎之“作”——党的十八大以来农民合作社发展综述［EB/OL］. http://www.moa.gov.cn/ztzl/xy19d/fzcj/201709/t20170928_5830316.htm，9月27日.

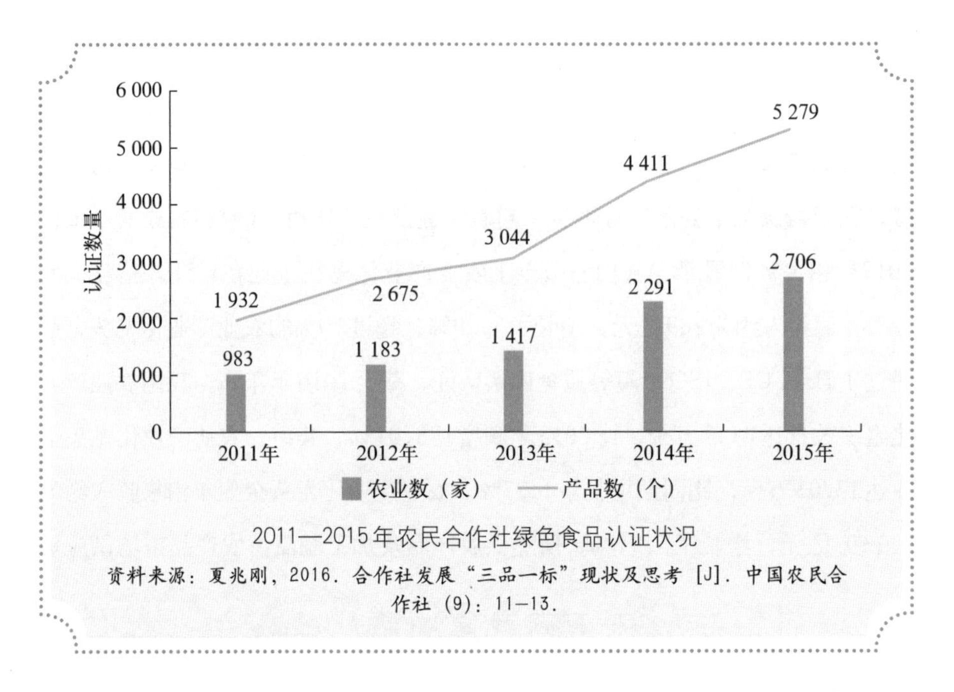

2011—2015年农民合作社绿色食品认证状况

资料来源：夏兆刚，2016．合作社发展"三品一标"现状及思考［J］．中国农民合作社（9）：11-13．

1/3，占主要城市"菜篮子"产品供给2/3以上，有效保障了市场供应①。

与此同时，截止到2017年底，全国已有489个单位创建了678个绿色食品原料标准化生产基地，总面积1.73亿亩，对接企业2 716家，带动农户2 198万户，直接增加农民收入15亿元；党的十八大以来的5年间，贫困地区共创建31个农业标准化生产基地，面积达500万亩，累计为2 500多家企业、6 000多个产品减免费用1 500多万元，走出了一条"品牌扶贫"的新路子。

6.3 培育新型农业主体与发展绿色农业

习近平总书记指出"保障农产品供给，既要保数量，更要重质量，要加强绿色生产，从源头上确保农产品质量安全"。党的十八大以来，以习近平

① 高鸣，郭芸芸，2018．2018中国新型农业经营主体发展分析报告［EB/OL］．http：//www.farmer.com.cn/xwpd/jjsn/201802/t20180222_1357856.htm，2月24日．

关于“三农”工作重要论述为指导，深化改革，政策引领，积极培育新型农业主体，新型农业主体已经成为发展绿色农业体系的重要力量，有效地保障了农产品质量安全。

案例

绿色农业发展取得巨大成效

习近平总书记指出，推进农业绿色发展是农业发展观的一场深刻革命，也是农业供给侧结构性改革的主攻方向。党的十八大以来的五年，是一个不同寻常的五年，是一个引人瞩目的五年！在以习近平总书记为核心的党中央领导下，农业农村经济不仅稳中向好、稳中向新，成为整个经济社会转型发展的“稳压器”“千年未有之变局”的“定海针”，而且农业绿色发展取得巨大成就，为保障农产品质量安全奠定了基础。到2017年，全国农田水利设施条件改善，农业灌溉用水实现14年零增长，节约农业技术应用面积超4亿亩；建立健全的草原保护制度，重点天然草原平均牲畜超载率累计下降了10.6个百分点；全国水生生物保护区总面积超过10万千米^2，累计取缔2.4万艘涉渔“三无”船舶；稻渔综合种养达到2 274万亩，产量163.2万吨，同比增长4.8%，带动农民增收300多亿元。发布159个国家级畜禽保护品种，有效保护农作物种质资源48万多份；化肥农药使用双双实现零增长；畜禽粪污资源化利用率达到60%；全国秸秆利用率达到82%；农用残膜回收率近80%。

资料来源：何烨，2017. 让农业重回本色——党的十八大以来推进农业绿色发展成效综述［EB/OL］. http：//cpc.people.com.cn/n1/2017/0918/c412690-29541706.html，9月18日．

6.3.1 新型主体与绿色农业发展

新型农业经营主体主要是指，农业产业化龙头企业、农民合作社、种养殖大户、家庭农场等类型的农业经营单位。根据《中国农村经济形势分析与预测（2014—2015）》的统计，目前我国拥有的农业产业化龙头企业、农民合作社、种养大户、家庭农场的总数量共计约473.94万家[1]。2017年上半年，经济日报社中国经济趋势研究院新型农业经营主体调研组陆续发布《新型农业经营主体发展指数调查》。该调查表明，新型农业经营主体较为广泛地应用生态技术。调查显示，在所调查的样本中，采用节水灌溉技术的新型农业经营主体有919家，占有效样本的35%。平均每个新型农业经营主体节水灌溉面积占其总经营面积的比重约为28%，比全国农户节水灌溉面积占比高出7个百分点。

经济日报社发布《新型农业经营主体发展指数调查（三期）》

《新型农业经营主体发展指数调查》是经济日报社中国经济趋势研究院在全国范围内开展的抽样调查项目。调查旨在采用现代调查技术和调查管理手段，通过科学的抽样，在全国范围内收集有关农民合作社、家庭农场、农业专业大户与农业产业化龙头企业等新型农业经营主体的相关信息，力求全面客观地反映当前我国新型农业经营主体的基本情况。2016年，经济日报社中国经济趋势研究院对全国范围内新型农业经营主体发展情况的调查具有如下三个突出特点：一是调查范围广。调查覆盖了全国东中西部26个省、自治区、直辖市。二是调查手段新颖。在调查问卷的基础上，专门开发了APP应用软件，调查员能及时把调查数据传送到网络终端，提高了调查效率，保证了数据的及时核对和审核。同时，通过GPS定位、录音和拍照功能等确保监控调查质量与样本的回访。三是调查内容全面。调查面向新型农业经营主体分为农业产业化龙头企业、农民合作社、种养殖大户、家庭农场等类型，调查涉及的指标体系为发展潜力、经济绩效、社会绩效、生态绩效、发展前景、农业信息化等6个方面，100多个问题。2016年的调查最终获得有效样本5 191个，其中包括1 222个农民合作社样本，1 343个家庭农场样本，2 017个种养殖大户样本，609个农业产业化龙头企业样本。

① 魏后凯，杜志雄，黄秉信，2016．中国农村经济形势分析与预测（2014—2015）[M]．北京：社会科学文献出版社．

55.97%的新型农业经营主体对废弃物实行了综合利用；78.16%的畜牧业农民合作社将牲畜粪便实行三级沉降后再排出，或者对其加工利用；60%的渔业农民合作社采用物理方式、化学方式或者生物方式等处理污染物[①]。

6.3.2 家庭农场与绿色农业

家庭农场，一个起源于欧美的舶来名词。在我国，家庭农场是一个全新的名称，是指以家庭成员为主要劳动力，从事农业规模化、集约化、商品化生产经营，并以农业收入为家庭主要收入来源的新型农业经营主体。2013年，中共中央1号文件《关于加快发展现代农业　进一步增强农村发展活力的若干意见》提出“鼓励和支持承包土地向专业大户、家庭农场、农民合作

拓展阅读

家庭农场认定标准

为了全面深入地贯彻《关于加快发展现代农业　进一步增强农村发展活力的若干意见》（2013年中央1号文件）精神，在各地取得初步成效，积累一定经验的基础上，农业部于2014年2月出台了《关于促进家庭农场发展的指导意见》（农经发〔2014〕1号），明确了家庭农场的认定标准。根据中央精神与农业部的要求，各地从实际出发，进一步细化了家庭农场的认定标准。江苏省农业委员会于2014年11月发布《关于建立示范家庭农场名录制度的通知》，提出了省级示范家庭农场名录申请必须满足“生产过程严格执行农产品质量安全标准或规程，有各类投入品购买、使用情况记录档案，拥有、使用或积极申请注册品牌商标、质量专项认证、无公害农产品、绿色食品、有机农产品、农产品地理标志等，有稳定的销售或农超、农社对接渠道，市场化销售程度高”的要求。经过三年的实践，江苏省农业委员会于2018年4月实施《江苏省省

① 中国经济网，2017．新型农业经营主体发展指数调查（三期）报告发布［EB/OL］．http：//www.cankaoxiaoxi.com/china/20170523/2026994.shtml，5月23日．

级示范家庭农场认定管理试行办法》，进一步明确省级示范家庭农场认定管理中的农产品质量安全标准，要求"严格执行农产品质量安全标准或规程，有各类投入品购买、使用等生产记录。使用高效、低毒、低残留农药和生物农药，控减化学农药用量，保障生产安全、产品安全和生态安全。近三年无较大的农产品质量安全事故"。总体而言，各地对家庭农场如何保障农产品质量安全均具有具体的生产环境、农业投入品、生产过程的要求，以保障农产品质量安全。

资料来源：江南大学食品安全风险治理研究院根据资料整理形成。

社流转"。"家庭农场"的概念是首次在中央1号文件中出现。党的十八大以来，以习近平关于"三农"工作的重要论述为指导，我国家庭农场异军突起，在2012—2017年，由农业部门认定通过的家庭农场数量分别为1.79万户、7.23万户、13.9万户、34.3万户、44.5万户、87.7万户，逐年增长率为303.9%、92.3%、146.8%、29.7%、97.1%；2017年底，家庭农场的数量比2012年增长了约48倍，显示出勃勃生机[①]（图6-3）。

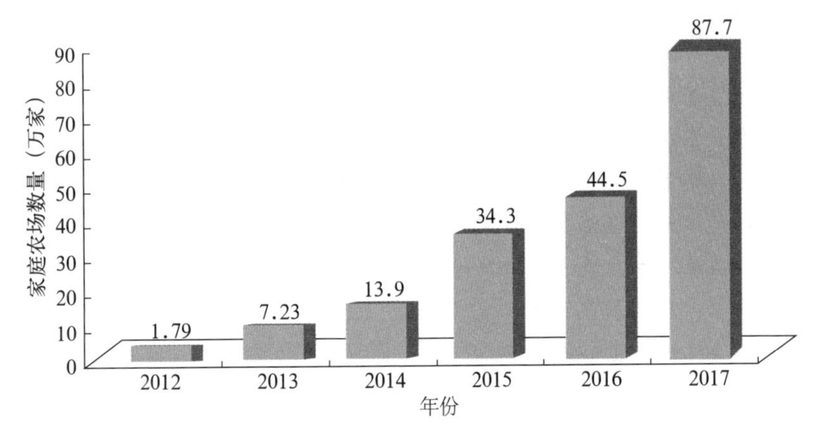

图6-3　2012—2017年家庭农场的发展

资料来源：张红宇，杨凯波，2017．我国家庭农场的功能定位与发展方向［J］．农业经济问题（10）：4—10．

① 张红宇，杨凯波，2017．我国家庭农场的功能定位与发展方向［J］．农业经济问题（10）：4—10．

家庭农场在发展绿色农业中起到了重要的作用。2016年，农业部在全国31个省（区、市）的91个县（区、市）选择3 000户左右的家庭农场开展典型监测，发布了《2016年家庭农场发展监测情况》。监测数据显示，家庭农场农产品绿色生态行为逐步显现。在1 964户种植类农场中，有41.63%的农场的亩均化肥施用量低于周边农户，比2015年的27.27%和2014年的36.19%分别增加了14.36个百分点和5.17个百分点；有46.17%的农场的亩均农药使用量低于周边农户，比2015年的30.77%和2014年的48.43%分别增加了15.4个百分点和减少了2.26个百分点。在1 145户粮食类农场中，有67.89%的农场对秸秆进行机械化还田，比2015年的59.51%提升了8.38个百分点；在418户养殖类农场中，有79.05%的农场利用粪便发酵做有机肥、饲料和沼气，或

拓展阅读

家庭农场发展的典型模式

党的十八大以来，各地因地制宜加快发展家庭农场，家庭农场呈现出多样化的发展格局，形成了丰富多彩的发展模式。最具典型性的有如下五种模型：

①上海松江模式。主要特点是：本地家庭经营，适度规模，一业为主向多业结合转变，高额补贴向适当补贴转变。

②浙江宁波模式。主要特点是：经营多样化，土地流转和规模经营比例较高，企业经营化程度高。

③安徽郎溪模式。主要特点是：经营结构以粮油为主，农场主具有区域性，家庭农场协会助力发展。

④湖北武汉模式。主要特点是：经营者本土化，经营者文化水平较高，一定的经营规模，经营结构单一。

⑤吉林延边模式。主要特点是：农场主本土化，政府扶持力度大，土地经营权抵押贷款。

资料来源：王新志，杜志雄，2014．我国家庭农场发展：模式、功能及政府扶持 [J]．中国井冈山干部学院学报（5）：107－117．

者运输到附近加工厂进行资源化、综合循环利用和无害化处理，比2015年的77.84%提升了1.21个百分点；在1 759户使用农膜的种植类农场中，有78.34%的农场对农膜进行了回收处理，在1 017户使用农膜的粮食类农场中，79.74%的农场进行了农膜回收处理①。

6.3.3 农民合作社与绿色农业

党的十八大以来，农民合作社迎来了全面的政策红利，财政支持、智力支持、指导服务，培育新业态、聚合新动能、拓展新机制，农民合作社进入了历史上最好的发展阶段。几年多，以习近平关于"三农"工作的重要论述为指导，全国农民合作社交出了"合"力兴农的扛鼎之"作"：到2017年7月底，全国依法登记的农民合作社达193.3万家，大体上平均每个村有3家合作社，入社农户占全国农户总数的46.8%，合作社涵盖粮棉油、肉蛋奶等主要产品生产，并扩展到农机、植保、休闲农业等多领域（图6-4）。

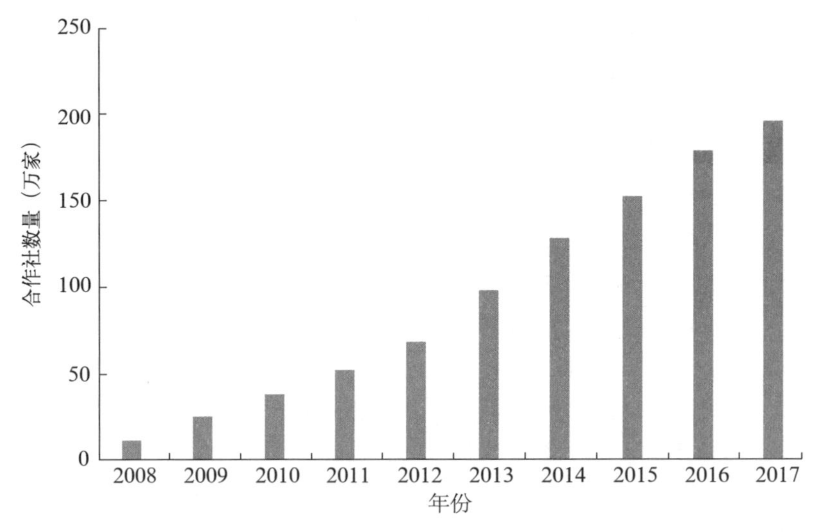

图6-4 2008—2017年9月全国农民合作社发展状况

① 搜狐网，2017. 2016年家庭农场发展监测情况［EB/OL］. http：//www.sohu.com/a/168885559_801979，9月1日.

根据全国农村固定观察点调查体系对695个农民合作社的典型调查，农民合作社大多建立了相关的质量安全控制措施（图6-5）。将近70%的合作社建立了农产品生产记录，超过2/3的合作社能够监测农产品的质量安全状况，规范使用农业化学品投入。截至2015年底，生产无公害农产品的农民合作社达1.8万个，生产绿色食品的数量为2 700个，生产有机农产品的合作社数量则为125个，分别占到有效用标的生产主体的60%、28%和14%，农民合作社成为优质农产品生产的重要基地[①]。

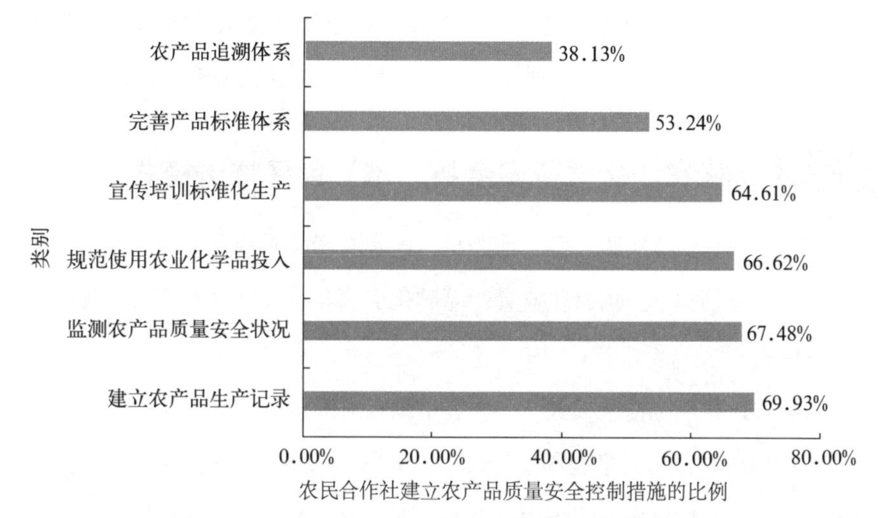

图6-5　农民合作社农产品质量安全监测状况

资料来源：夏兆刚，2016．合作社发展“三品一标”现状及思考［J］．中国农民合作社，(9)：11-13.

6.4 “产”“管”结合与创建农产品质量安全县（市）

县域是农产品生产与质量安全监管的前沿，是实施农资打假、农药化肥零增长、兽药综合治理、土壤污染治理等一系列源头治理活动与转变农业发展

① 夏兆刚，2016．合作社发展“三品一标”现状及思考［J］．中国农民合作社（9）：11-13.

方式、加快现代农业建设的最基本的行政单元，是实施农产品"产""管"结合最有效的行政区域。2014年11月，农业部全面启动了国家农产品质量安全县（市）创建活动，2016年12月，农业部命名了首批107个国家农产品质量安全县（市）。2017年又启动了第二批创建工作，遴选推荐了204个质量安全县（市）和11个质量安全市。相比于第一批国家农产品质量安全县（市）创建数量，第二批创建单位数量有了较大的增长，进一步扩大了创建范围。国家农产品质量安全县（市）创建活动的价值就在于，以县（市）为行政单元，"产""管"结合，整建制推进，以点带面，以推动在全国范围内建立责任明晰、监管有力、执法严格、运转高效的农产品生产与质量安全体系。

6.4.1 国家农产品质量安全县（市）创建推进模式

综合各地的创建实践，到目前为止，国家农产品质量安全县（市）创建主要形成了整建制推进、信息化监管、品牌化引领和社会化服务等四个典型的创建推进模式[①]。

6.4.1.1 整建制推进模式　主要借助政府的行政力量主导，多部门协力推进，贯彻从农田到餐桌全程监管理念，在机构设置、经费支持、人员配置、技术支撑等全方位提供保障条件，全面落实国家农产品质量安全县（市）创建八大任务，立体式、整体性、全覆盖地推进创建工作。

6.4.1.2 信息化监管模式　基于"互联网+"的大背景下应运而生，充分利用了"大数据""物联网"等现代信息技术的优势，借助发达的信息化和智能化手段，通过构建农产品质量安全监管信息化系统，完成日常监测、监管和执法等常规性业务，进而促进和提升了监管效率。

6.4.1.3 品牌化引领模式　主要是聚焦本地区主导产业、优势产品和重点乡镇，大力扶持农民专业合作社、农业企业和生产大户，积极发展设施种养

① 全国农产品质量安全县创建服务平台，国家农产品质量安全县创建模式.

业，推行农业标准化生产，鼓励“三品一标”认证，培育县域品牌，形成具有县域管理特色的引领模式。

案例

上海全市域创建国家农产品质量安全示范市

在总结推广上海浦东新区、金山区成功创建“国家农产品质量安全县”经验的基础上，经农业部同意，上海于2017年1月在全国率先“整建制”创建国家农产品质量安全示范市。创建国家农产品质量安全示范市将在上海所有涉农的行政区展开，并重点在体系建设、执法监管、农业标准化等方面全面推进农产品质量安全管控。

上海将全覆盖地落实农产品生产销售企业、农民专业合作经济组织、畜禽屠宰企业、收购储运企业、经纪人和农产品批发、零售市场等生产经营主体监管名录制度，并且建立生产经营主体“黑名单”制度，依法公开生产经营主体违法信息。在过程控制中，落实生产记录制度，严格执行禁用、限用农药和兽药的管理规定以及农药、兽药休药期和安全间隔期的规定。全覆盖地落实高毒农药定点经营、实名购买制度。实施连锁、统购、配送等营销模式的农业投入品占当地农业投入品总量比例达到七成以上。

截至2016年年底，上海的市、区、乡镇、村四级农产品质量安全监管体系已经形成，全市共有镇级农产品质量安全监管员723人，村级农产品质量安全协管员1 534人。全市通过无公害农产品、绿色食品、有机农产品认证的农产品产量已达442.12万吨，占上海本地产农产品上市量的72.8%。崇明白山羊等13个农产品地理标志获得农业部颁发的农产品地理标志登记证书。

6.4.1.4 农业社会化服务模式　主要是借助社会外部力量，包括涉农企业以及农业院校、科研院所等，将农产品质量安全管理的各个环节紧密联结起来，依托第三方力量推进落实农产品质量安全县（市）创建的任务，实现多方共赢。

链接

相关参考资料可查阅：

《国家农产品质量安全县创建活动方案》

《国家农产品质量安全县考核办法》

《国家农产品质量安全县管理办法（暂行）》

《农业部关于命名第一批国家农产品质量安全县（市）的通知》（农质发〔2016〕15号）

《农业部关于认定第二批国家农产品质量安全县（市）创建试点单位的通知》（农质发〔2017〕3号）

全国农产品质量安全县创建服务平台链接：http：//www.ncp315.org/

《农业部关于印发〈"十三五"全国农产品质量安全提升规划〉的通知》（农质发〔2017〕2号）。

6.4.2 国家农产品质量安全县（市）创建成效

到目前为止，国家农产品质量安全县（市）100%建立监管名录，100%落实高毒农药定点经营、实名购买制度，100%实施农业综合执法，100%建立举报奖励制度，标准化生产基地面积平均占比由创建前的45%提高到65%，农产品质量安全检测、监管、执法能力全面提升。2016年，首批107个创建试点县（市）农产品质量安全监测合格率达到99.3%、群众满意度达到90%，比创建前分别提高2个和20个百分点，并率先实现了网格化监管体系全建立、规模基地标准化生产全覆盖、从田间到市场到餐桌链条体系的全监管、主要农产品质量全程可追溯、生产经营主体诚信档案全建立，有效发挥了示范带动作用，达到了创建的预期效果。

链接

国家农产品质量安全县（市）监管创新的实践

322个国家农产品质量安全县（市）积极探索，形成了各具特色的丰富多彩的农产品质量安全监管模式。

①浙江省嘉善县。在应用浙江省农产品质量安全追溯平台的基础上，创新开发了“农安嘉善”智慧监管APP模式，可将巡查、抽检、检测等信息及时上传到追溯平台，供消费者查询到所购农产品的生产信息。

②辽宁省盘锦市。辽宁省盘锦市大洼区的“大洼模式”，通过综合服务赢得生产经营主体认可，通过精细监管助推农产品提质增效，形成农产品生产主体自觉接受监管，监管部门在服务之中实施监管的工作局面。

③陕西省商洛市。陕西省商洛市创造了独特的“商洛模式”，政府负总责，三级有机构，监管到村组，检测全覆盖，在农业标准化生产、“三品一标”认证、加强产地准出和质量追溯管理等方面发挥了显著作用。

④四川省金堂县。金堂县通过安排专项资金购买服务的方式，引入第三方机构，组建了一支整合了农产品质量安全监管、植保植险、动物免疫、动物卫生协检等工作职责的职业村级监管员队伍，切实解决基层监管人员不足和监管“最后一公里”的问题。

资料来源：全国农产品质量安全县创建服务平台，国家农产品质量安全县创建模式。

7 “四个最严”的创新实践

面对食品安全风险的持续凸显，食品安全事件的不断发生，习近平总书记以食品安全既是重大的民生问题，也是重大的政治问题的“两大问题”定位食品安全问题，科学果断地提出了从田间到餐桌食品安全风险全程治理的“四个最严”，以巨大的实践勇气开辟了开启了新时代食品安全风险全程治理的新征程，成为新时代我国食品安全风险治理的实践纲领。党的十八大以来，我国食品安全风险治理取得的巨大成效是全面贯彻执行“四个最严”的实践之果。

7.1 科学构建“最严谨的标准”体系

食品安全标准是对食品、食品相关产品及食品添加剂中存在或者可能存在对人体健康产生不良作用的化学性、生物性、物理性等物质进行风险评估后制定的技术要求和措施，是食品进入市场的最基本要求，是食品生产经营、检验、进出口、监督管理应当依照执行的技术性法规，是食品安全监督管理的重要依据。在食品安全风险治理体系中食品安全标准具有不可缺少的独特作用。世界各国政府均把食品安全标准作为食品安全监管的最重要措施之一，在保证食品安全、预防食源性疾病以及维护食品的正常贸易都发挥着非常重要的意义。完善与实施“最严谨的标准”是推进最严格的监管、最严厉的处罚、最严肃的问责的基础与依据所在，在习近平总书记治理食品安全风险治理“四个最严”实践纲领的中具有举足轻重的作用。

7.1.1 健全食品安全标准制（修）订的规范

党的十八大以来，通过制订、修改完善相关法律法规等，进一步确立了依法制定食品安全国家标准的基本原则。较2009版《食品安全法》，新修改实施的2015版《食品安全法》对食品标准作出了一系列的修改，明确规定“食品安全标准是强制执行的标准。除食品安全标准外，不得制定其他食品强制性标准”；明确规定“食品安全国家标准由国务院卫生行政部门会同国家食品药品监督管理部门制定、公布，国务院标准化行政部门提供国家标准编号”；新增了第二十七条，明确“食品中农药残留、兽药残留的限量规定及其检验方法与规程由国务院卫生行政部门、国务院农业行政部门会同国务

拓展阅读

食品安全标准

较2009版《食品安全法》，2015版《食品安全法》在第三章中专门增加了第二十五条，规定“食品安全标准是强制执行的标准。除食品安全标准外，不得制定其他食品强制性标准”。并在增加的第二十四条中规定“要求制定食品安全标准应当以保障公众身体健康为宗旨，做到科学合理、安全可靠”。2015版《食品安全法》规定“食品安全标准包括下列内容：①食品、食品添加剂、食品相关产品中的致病性微生物，农药残留、兽药残留、生物毒素、重金属等污染物质以及其他危害人体健康物质的限量规定；②食品添加剂的品种、使用范围、用量；③专供婴幼儿和其他特定人群的主辅食品的营养成分要求；④对与卫生、营养等食品安全要求有关的标签、标志、说明书的要求；⑤食品生产经营过程的卫生要求；⑥与食品安全有关的质量要求；⑦与食品安全有关的食品检验方法与规程；⑧其他需要制定为食品安全标准的内容。”

院食品药品监督管理部门制定；屠宰畜、禽的检验规程由国务院农业行政部门会同国务院卫生行政部门制定”。新增第三十二条，“省级以上人民政府卫生行政部门应当会同同级食品药品监督管理、质量监督、农业行政等部门，分别对食品安全国家标准和地方标准的执行情况进行跟踪评价，并根据评价结果及时修订食品安全标准；省级以上人民政府食品药品监督管理、质量监督、农业行政等部门应当对食品安全标准执行中存在的问题进行收集、汇总，并及时向同级卫生行政部门通报；食品生产经营者、食品行业协会发现食品安全标准在执行中存在问题的，应当立即向卫生行政部门报告”。从法律法规的层面上解决了长期以来食品标准政出多门的问题，从根源上解决了食品安全国家标准、行业标准，标准总体数量多，但标准间既有交叉重复、又有脱节，标准间的衔接协调程度不高的问题。

7.1.2 解决了长期以来没有解决的重大问题

过去以来，我国食品安全领域存在着食用农产品质量安全标准、食品卫生标准、食品质量以及行业标准等不同的食品标准体系。这些标准由于制定主体不同、制定依据不同、制定目的和管理方式方法不同等因素，长期存在重复、交叉和矛盾等问题。为了“治愈”我国食品安全标准体系的这一“硬伤”，就必须对现行的食品基础标准、产品标准、管理控制标准及农产品相关标准进行内容的认真比对分析，删减重复内容，废止不合理规定，建立起协调一致的食品安全标准体系。党的十八大以来，以2015版《食品安全法》的实施为起点，国家卫生和计划生育委员会会同相关部门全力展开了食品安全标准的清理整合。到2015年年底，已完成清理整合近5 000项食品安全标准。

2017年7月，国家卫生和计划生育委员会通报了食品安全国家标准目录和食品相关标准清理整合结论，通报了整个标准清理整合工作的阶段性进展。清理整合的结果是：1 082项农药兽药残留相关标准转交农业部进行进一步清理整合，另外3 310项食品标准形成了三种解决方案：一是通过继续有效、转化、修订、整合等方式形成现行食品安全国家标准，二是建议适时废止，三是不纳入食品安全国家标准体系，食品安全标准体系与食品安全法律法规体系共同构成了食品安全领域最重要的法律规范依据。

链接

相关参考资料可查阅：

《关于印发〈食品安全国家标准“十二五”规划〉的通知》（卫监督发〔2012〕40号）

《关于印发〈食品安全标准与监测评估“十三五”规划（2016—2020年）〉的通知》（国卫食品发〔2016〕60号）

《关于通报食品安全国家标准目录和食品相关标准清理整合结论的函》（国卫办食品函〔2017〕697号）

7.1.3 初步建立食品安全国家标准框架体系

国家卫生和计划生育委员会在《关于印发〈食品安全标准与监测评估“十三五”规划（2016—2020年）〉的通知》（国卫食品发〔2016〕60号）中总结了“十二五”期间食品安全国家标准建设状况。全面完成标准清理整合，初步构建一整套较为完善的食品安全国家标准框架体系。主要是建立完善标准管理制度，清理整合近5 000项食品标准，解决长期以来食品标准之间交叉、重复、矛盾等问题。在食品安全标准的清理整合的基础上，到2015年年底，国家卫生和计划生育委员会同相关部门共制定公布926项新的食品安全国家标准，涵盖1万余项参数指标，基本覆盖所有食品类别和主要危害因素。

截至2018年年底，我国食品安全国家标准现行有效标准共12大类1191项，其中食品添加剂质量规格及相关标准占50%，理化检验方法标准占19%，农药残留检测方法标准占10%，符合我国国情与国家惯例的我国食品安全国家标准体系的框架已基本建立（图7-1）[①]。

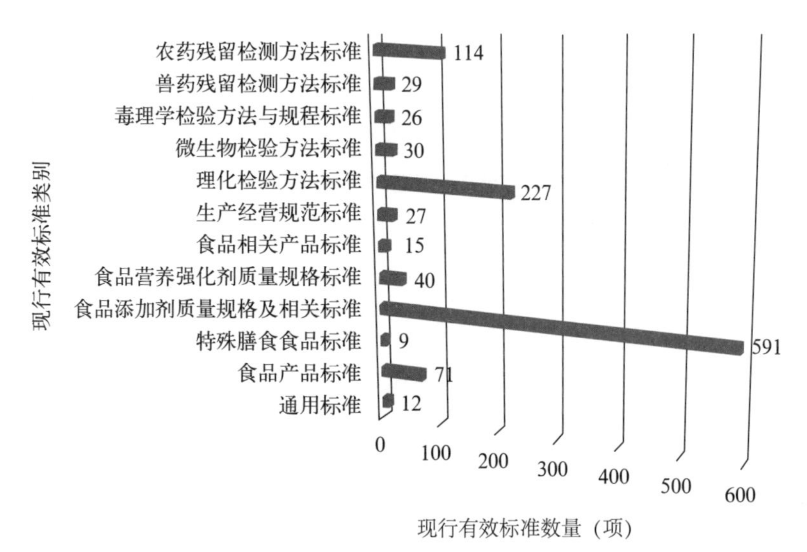

图7-1　现行有效食品安全国家标准类别和数量

拓展阅读

食品安全国家标准提高行动计划

2017年2月14日，国务院批准并实行《“十三五”国家食品安全规划》（国发〔2017〕12号）。该规划指出，在“十三五”期间，要严格实施从农田到餐桌全链条监管，建立健全覆盖全程的监管制度、覆盖所有食品类型的安全标准、覆盖各类生产经营行为的良好操作规范，全面推进食品安全监管法治化、标准化、专业化、信息化建设，并提出在“十三五”期间要积极实施“食品安全国家标准提高行动计划”，制（修）订不少于300项食品安全国家标准，加快生产经营卫生规范、检验方法等标准制定。制（修）订农药残留限量指标3 987项，评估转化农药残留限量指标2 702项，清理、修订农药残留检验方法413项；研

① 国家卫生健康委员会，2018．食品安全国家标准目录［EB/OL］．http：//www.nhfpc.gov.cn/sps/spaqmu/201609/0aea1b6b127e474bac6de760e8c7c3f7.shtml，7月1日．

究制定农药残留国家标准技术规范7项，建立农业残留基础数据库1个；制定食品中兽药最大残留限量标准，完成31种兽药272项限量指标以及63项兽药残留检测方法标准制定。与此同时，依托国家和重点省份食品安全技术机构，设立若干标准研制核心实验室，加强食品安全国家标准专业技术机构能力建设。

7.2　全面实施“最严格的监管”

实施“最严格的监管”目前已成为全国食品监管管理系统常态化的工作，主要体现在创新食品安全监督抽查机制，始终保持食品安全抽查覆盖面和工作力度等方面，加强风险较大与公众关注度高的食品监管，为促进食品安全“总体稳定，势态向好”奠定了重要基础。

7.2.1　创新监管机制

为全面贯彻习近平总书记“最严格的监管”的要求，进一步规范市场执法行为，科学解决食品安全监管领域存在的检查任性和执法不公、执法不严等问题，构建权责明确、透明高效的事中事后监管机制，打造公平竞争的市场环境和法制环境，自2015年8月开始，全国食品安全监管领域按照国务院的统一安排，全面推行“双随机、一公开”的监管模式。2015年，国家食品药品监督管理总局通过“双随机”公布了42期食品安全监督抽检信息，涉及24大类食品的10.9万批次样品，转载各省级局发布的监督抽检结果1 200余期。全国31个省（自治区、直辖市）以及新疆生产建设兵团均公布了食品安全监督抽检信息，其中，有27个省（自治区、直辖市）已实现每周公布。此外，部分省份开始公布月度监督抽检汇总分析情况。在总局网站设置“食品安全抽检信息”专栏，下设“总局公告”“地方公告”和“小贴士”子栏目，分别登载总局和各省级局公布的抽检信息，跟进风险解读，基本实现每周常态化滚动公布。

问答

问：什么是“双随机、一公开”？

答：2015年7月，国务院办公厅发布《关于推广随机抽查规范事中事后监管的通知》（国办发〔2015〕58号），要求在全国全面推行“双随机、一公开”的监管模式，健全随机抽查机制，规范事中事后监管，落实监管责任。所谓“双随机、一公开”，就是指在食品安全监管过程中随机抽取检查对象，随机选派执法检查人员，抽查情况及查处结果及时向社会公开。“双随机”主要是通过建立健全食品安全市场主体名录库和执法检查人员名录库，采用摇号等方式，从市场主体名录库中随机抽取检查对象，从执法检查人员名录库中随机选派执法检查人员，目的是严格限制食品监管部门自由裁量权。“一公开”就是通过加快食品安全政府监管部门之间、上下之间监管信息的互联互通，整合形成统一的市场监管信息平台，及时公开监管信息，形成监管合力。

2016年原国家食品药品监督管理总局公布了56期食品安全监督抽检信息，涉及32类食品的2.4万批次样品，转载各省级局发布的监督抽检结果1 700余期，实现每周公布食品安全抽检信息的常态化，同时公布合格产品信息和不合格产品信息，对不合格指标进行了通俗易懂的科学解读。2017年，国家食品药品监督管理总局网站公布了53期食品安全监督抽检信息，涉及30个食品大类的2.5万批次产品，转载各省、自治区、直辖市发布的2 199期食品安全抽检信息。国家、省、市、县四级食品安全监管部门在2017年共公布食品安全抽检信息2.6万期，涉及230万批次产品。2015年以来国家、省、市、县（市）食品安全监管部门至少发布了87.3万条食品安全抽检信息，极大地增强了公众获取信息的可得性和对抽检成果的获得感。到目前为止，全国食品安全监管领域已全面实施“双随机、一公开”的常态化的监管模式，有效提升了监管效率，既保证了必要的抽查覆盖面和工作力度，又防止检查过多的问题，对切实解决执法不公、执法不严等问题，保障公众食品安全起到了重要作用①。

7.2.2 加大监管力度

食品安全监管已形成全国性的网络化体系，同时监管力度不断加大，覆盖面日趋扩大，覆盖不同环节与不同业态。国家食品药品监督管理总局自2013年成立以来，持续深化改革，以科学划分监管事权为依托，以日常检查、飞行检查、体系检查为重点，构建了相对完整的食品生产监督检查体系。目前，已形成国家、省、市、县四级食品安全监督抽检网络，对生产经营者监督抽检的覆盖面、抽检的食品品种、抽检的批次数量等不断扩大。2014年，国家食品药品监督管理总局本级在全国范围内监督抽检食品样品142 116批次，2017年则达到了233 300批次，年均增长了17.97%（图7-2）。

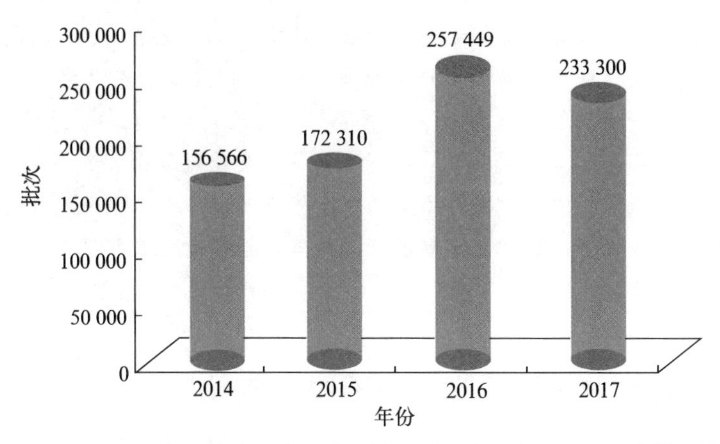

图7-2　2014—2017年国家食品药品监督管理总局食品安全监督抽查样品批次

资料来源：国家食品药品监督管理总局，2014—2017. 各类食品抽检监测情况汇总分析［R］. 北京：国家食品药品监督管理总局官网.

① 本章节的相关数据来源于国家食品药品监督管理总局《政府信息公开工作年度报告》（2015—2017年）、《各类食品抽检监测情况汇总分析》（2014—2017年）。

拓展阅读

食品安全"生产飞行检查"

飞行检查最早应用在体育竞赛中对兴奋剂的检查，指的是在非比赛期间进行的不事先通知的突击性兴奋剂抽查。飞行检查的特点是突然性和震慑性，主要目的是为了了解被监督对象的真实情况，发现其需要改进的问题。2017年10月30日，国家食品药品监督管理总局发布《关于食品生产飞行检查管理暂行办法（征求意见稿）》公开征求意见的通知，界定了生产飞行检查的含义，是指食品药品监督管理部门针对获得生产许可证的食品生产者依法开展的不预先告知的有因监督检查。该征求意见稿明确，有下列情形之一的，食品药品监督管理部门可以组织开展飞行检查：①监督抽检和风险监测中发现食品生产者存在食品安全问题和风险的；②投诉举报、媒体舆情或其他线索有证据表明食品生产者存在食品安全问题和风险的；③食品生产者涉嫌存在严重违反食品安全法律法规及标准规范要求的；④食品生产者风险等级连续升高或存在不诚信记录的；⑤其他需要开展飞行检查的情形。2017年国家食品药品监督管理总局组织开展食品生产企业飞行检查117家次，公开发布食品生产企业飞行检查警示函94件，涵盖茶叶、婴幼儿配方乳粉、水产制品、食用植物油等11个食品类别，共计发现食品安全问题680个。

资料来源：国家食品药品监督管理总局，2018．2017年政府信息公开工作年度报告［R］．北京：国家食品药品监督管理总局官网．

7.2.3 监管覆盖不同环节与不同业态

监督抽查已覆盖食品供应链体系的不同环节，食品安全的监督抽检成为发现问题的基本手段。2015年、2016年国家食品药品监督管理总局分别在市场环节检查2 187.4万家、1 096.2万家的食品经营主体，抽检样品116.3万批次、144.4万批次，发现问题经营主体74.7万家、54.1万家。而在2017年发现违法违规问题7.1万个，在生产环节查处的3.3万个案件中，其中68%的案件来源于各类监督检查等。

数说

2014—2017年在食品生产、流通与餐饮环节的监督抽检情况

2014—2017年国家食品药品监督管理总局在三大环节食品生产、流通与餐饮环节监督抽检的强度持续加大，覆盖面日趋扩大（表7–1、表7–2）。

表7–1 2014—2017年在三大环节监督抽检的批次

年份	生产环节	流通环节	餐饮环节	总批次
2014	62 893	57 145	22 078	142 116
2015	64 832	98 912	8 566	172 310
2016	88 261	160 452	8 736	257 449
2017	85 341	134 506	13 453	233 300

资料来源：国家食品药品监督管理总局，2014—2017. 各类食品抽检监测情况汇总分析［R］. 北京：国家食品药品监督管理总局官网.

表7–2 2017年国家食品药品监督管理总局对餐饮环节各抽样场所监督抽检情况

序号	抽样场所	总批次	不合格批次	不合格率
1	小吃店	1 081	97	8.97%
2	集体用餐配送单位	15	1	6.67%
3	其他	1 289	65	5.01%
4	企事业单位食堂	51	2	3.92%
5	小型餐馆	2 966	100	3.37%
6	机关食堂	31	1	3.32%
7	特大型餐馆	370	10	2.70%
8	大型餐馆	2 214	41	1.85%
9	学校/托幼食堂	920	16	1.74%
10	中型餐馆	3 130	49	1.57%
11	快餐店	676	7	1.04%
12	饮品店	687	2	0.29%
13	中央厨房	14	0	0.00%
	合计	13 453	391	2.91%

资料来源：国家食品药品监督管理总局，2018. 2017年各类食品抽检监测情况汇总分析［R］. 北京：国家食品药品监督管理总局官网.

在覆盖生产、流通、餐饮三大环节的同时，国家食品药品监督管理总局的监督抽检还涵盖了不同规模的生产经营企业，不同的经营场所，以及网络食品新业态。2017年，各地食品监管部门深入探索新形势下加强网络食品经营监管的措施，主要是实施"以网管网"，利用网络大数据、网络链接、搜索以及网络监测等手段，开展网络食品经营监管，加大网络食品经营违法行为打击力度；实施"协同管网"，注意加强与通讯部门的合作；实施"信用管网"，加强信用体系建设，加强信息公开力度，让社会周知公众知晓，运用信用杠杆增加经营者社会责任的压力。2017年在食品网购环节中国家食品药品监督管理总局共抽检网购样品6 996批次，合格率为98.06%，比2016年提高1.16%。

7.2.4 突出监管重点

党的十八大以来，在创新监管机制，加大监管力度的同时，监管部门还突出重点品种、重点区域、重点场所和高风险品种，尤其是公众关注度高的的农产品与食品的监督抽检力度。近年来，婴幼儿配方乳粉质量稳中向好就是"最严格的监管"的生动例子。"产"和"管"并重，监测和执法并举，加强对奶牛场、奶站、运输车三个重点环节监管，实行生鲜乳收购和运输许可管理，推行政府监督抽检、奶站和乳品企业自检的生鲜乳品质量检验检测制度，这是

图说

生鲜乳质量安全监管的创新实践

目前全国8 100多个奶牛场、5 400多个生鲜乳收购站和5 200多辆运输车全部纳入监管，全面督促奶畜养殖者、生鲜乳收购站开办者和运输车经营者全面落实生产经营主体责任，保障生鲜乳质量安全。连续9年在全国范围内开展生鲜乳专项整治行动，三聚氰胺等违禁添加物抽检合格率则连续9年保持在100%，2015年全国生鲜乳产品的抽检合格率达到99.3%，2016年、2017年则连续两年稳定保持在99.8%的水平上。

资料来源：中国政府网，2018．数据显示我国主要农产品监测合格率连续5年稳定在96%以上——舌尖上的安全更靠谱了［EB/OL］．http：//www.gov.cn/xinwen/2018-01/17/content_5257323.htm，1月17日．

2013年以来全国农业部门强化婴幼儿配方乳粉质量的创新实践。

2014年，国家食品药品监督管理总局开展婴幼儿配方乳粉生产许可审查和再审核工作，对全国133家婴幼儿配方乳粉生产企业开展了生产许可审查工作，未通过审查、申请延期和注销的企业51家。当年国家食品药品监督管理总局共抽检婴幼儿配方乳粉样品1 565批次，覆盖了国内全部100家生产企业的产品和部分进口产品，检出不合格样品48批次，涉及23家国内生产企业和4家进口经销商，抽检合格率为96.9%。2015年，国家食品药品监督管理总局对全国所有婴幼儿配方乳粉生产企业和部分进口婴幼儿配方乳粉开展监督抽检，抽检样品3 397批次，检出不符合食品安全国家标准，存在食品安全风险的样品36批次，占样品总数的1.1%；检出符合国家标准但不符合产品包装标签明示值的样品58批次，占样品总数的1.7%。2016年，国家食品药品监督管理总局抽检婴幼儿配方乳粉样品2 532批次，样品合格数量2 500批次，不合格样品数量32批次，合格率98.8%。2017年，国家食品药品监督管理总局组织开展婴幼儿配方乳粉生产企业食品安全生产规范体系检查，完成38家婴幼儿配方乳粉生产企业体系检查，累计对89家企业进行体系检查，其中停产整改19家，立案查处10家，吊销许可2家，注销许可4家。2017年婴幼儿配方乳粉抽检合格率为99.5%，分别比2015年、2016年提高了2.3%、0.7%（图7-3）。

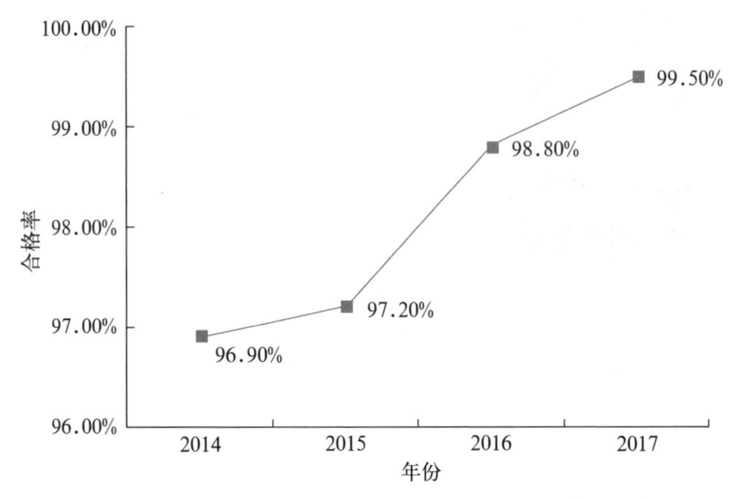

图7-3　2014—2017年全国婴幼儿配方乳粉监督抽检合格率

资料来源：国家食品药品监督管理总局，2014—2017. 各类食品抽检监测情况汇总分析 [R]. 北京：国家食品药品监督管理总局官网.

7.3 有效推行"最严厉的处罚"

以"最严格的标准"为依据，"最严格的监管"为路径，全面贯彻现行的食品安全法，以日常监管与专项执法为手段，坚定不移地贯彻习近平总书记提出的"最严厉的处罚"，取得了一系列明显成效。

7.3.1 多种形式的处罚并存且力度明显提升

全国食品药品监管部门查处食品（含保健食品）案件由2014年的25.6万件增加到2017年的25.7万件，罚款金额由2014年的8.53亿元增加到2017年的

23.9亿元，没收违法所得金额额由2014年0.83亿元增加到2017年的1.6亿元，停业整顿生产经营主体由2014年的516户次增加到2017年的1 852户次，移交司法机关的案件数由2014年的1 449件增加到2017年的2 454件[①]（图7-4）。

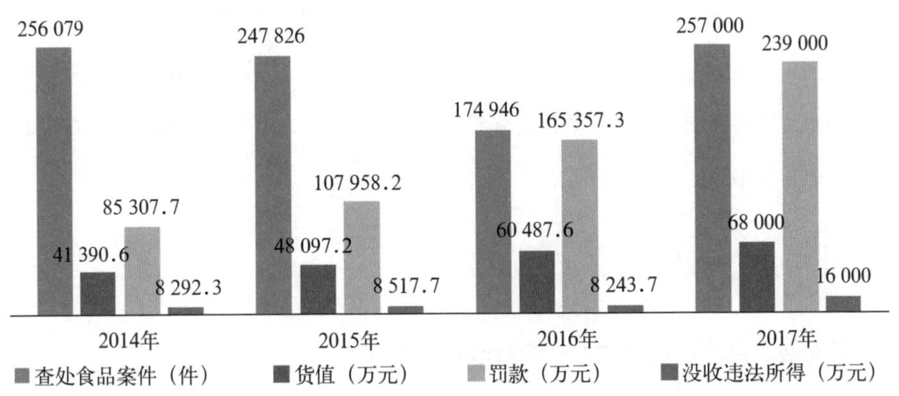

图7-4　2014—2017年食品药品监管部门食品案件查处数与罚款金额

资料来源：国家食品药品监督管理总局，2014—2017. 全国食品药品监管统计年报［R］. 北京：国家食品药品监督管理总局官网.

7.3.2 依法实施行政拘留处罚

与2009版的《食品安全法》相比较，2015版《食品安全法》第123条规定，对违法添加非食用物质，经营病死畜禽，违法使用剧毒、高毒农药、生产经营添加药品的食品等违法行为，情节严重的予以行政拘留，处罚由过去的行为罚、财产罚到现在人身自由罚，提升了对严重食品违法行为的处罚。2013—2015年，青岛市两级人民法院共审结危害食品安全犯罪案件113件，200名被告人被行政拘留并被判处了刑罚。2016年，湖南法院依法审结危害食品药品安全犯罪案件190件，行政拘留并判处406人，其中33人被判处5年以上有期徒刑。2017年，湖北省坚持铁腕办铁案，共查处食品安全违法案件17 603件，涉案货值金额4.05亿元，罚没9 844.04万元，移送公安机

① 资料来源：国家食品药品监督管理总局，2014—2017. 全国食品药品监管统计年报［R］. 北京：国家食品药品监督管理总局官网.

关83起，捣毁制假售假窝点68个，抓获犯罪嫌疑人112人，批捕38人，行政拘留7人，责令停产停业53家，吊销许可证9个，有8起案件被国家食品药品监督管理总局、公安部、最高人民检察院挂牌督办。一批重点案件得到严查，犯罪分子得到严惩。比如，清远市佛冈县“3·25制售病死猪肉案”案，被广东省公安部挂牌督办，查获销售病死猪肉3.3吨，16名犯罪分子因参与加工销售病死猪肉，被依法施行行政拘留处罚，其中主犯被判处有期徒刑10年并处罚金。

案例

宁夏回族自治区首例食品安全行政拘留案件

2016年3月28日，宁夏银川环保分局食药大队主动联合自治区食品药品监督管理局在宁夏新世纪农产品冷链商贸有限公司冷库开展冷冻肉的专项检查。检查中发现2-3-5号冷库中存放部分没有检疫检验及中文标识的可疑冷冻肉制品。经查明：刘某某未办理经营许可证、食品流通许可证，自2015年7月先后从山东济南等地购进4种无中文标识、无检验检疫标识的牛肉，共计170余件、2 000余千克，租用宁夏新世纪农产品冷链冷库进行存放，并多次销售给北环某肉店。依据2015版《食品安全法》第123条第四款规定，2016年3月29日，银川环保分局决定给予刘某某行政拘留7日。这是2015版《食品安全法》实施以来，宁夏回族自治区首例食品安全行政拘留案件。

7.3.3 依法提高违法成本

就整体的情况来分析，全国食品药品监督管理系统对食品生产经营违法主体的罚款金额由2014年的8.53亿元增加到2017年的23.9亿元，三年间增加了2.8倍，年均增长了41.0%[①]。习近平总书记提出的“最严厉的处罚”与“史上

① 国家食品药品监督管理总局，2014—2017．全国食品药品监管统计年报［R］．北京：国家食品药品监督管理总局官网．

最严的”食品安全法正在逐步得到有效的贯彻。比如，2015版《食品安全法》第123条规定，对使用非食品原料生产食品，经营病死、毒死动物肉类，生产经营营养成分不符合国家标准的婴幼儿配方乳粉等违法行为，罚款额度由原来的最高可处货值金额10倍罚款修改为最高可处货值金额30倍罚款。一个典型的案例是，2014年5月，重庆市农委与市公安局联合开展专项执法检查时发现，魏某及其工人在租赁的屠宰场地向待宰的牛注水。经检测17个样品水分含量全部超标。2016年，重庆市农委依据最新食品安全法的相关规定，对魏某做出没收涉案物品，并处170万元罚款的高额处罚决定①。再比如，2017年3月，内蒙古呼伦贝尔市阿荣旗金秋农资有限公司经营假玉米种子，经查实后，呼伦贝尔市农牧业局依法对阿荣旗金秋农资有限公司作出没收“康地5031”假玉米种子63包，罚款147.4万元的高额处罚决定②。2017年4月，福建省宁德市食品药品检验检测中心依法对福鼎市某百货商场水产摊位销售的文蛤进行抽样检验，结果检出氯霉素，依据食品安全法没收违法经营所得43.51元，并处以10万元高额罚款③。

7.3.4 依法实施从业资格处罚

为强化对违法犯罪分子惩处的力度，2015版《食品安全法》第135条规定，对因食品安全犯罪被判处有期徒刑以上刑罚的，终身不得从事食品生产的经营管理工作。2015年11月，北京市通州区食品药品监督部门检查发现北京万全居食品工贸有限公司标注虚假生产日期共涉及12个品种，货值金额9 000余元，违法所得2 000余元。尽管违法货值金额不足1万元，但该企业

---

① 农业部官网，2017. 农业部公布农产品质量安全执法监管典型案例［EB/OL］. http：//jiuban.moa.gov.cn/zwllm/zwdt/201706/t20170630_5732757.htm，6月30日.

② 农业农村部官网，2018. 农业农村部公布农资打假十大典型案件［EB/OL］. http：//www.moa.gov.cn/ztzl/2018cg/gzbs/201804/t20180410_6139895.htm，3月30日.

③ 宁德网，2018. 宁德市公布食药品安全典型案例［EB/OL］. http：//www.ndwww.cn/xw/ndxw/2018/0327/78991.shtml，3月27日.

十余个品种长期存在标签造假的违法行为，本质上属于主观故意违法行为。因此，该企业依法受到了吊销食品生产许可证、公司法人受到"5年内禁止入行"的严厉处罚。这是全国食品药品监督部门依据新施行的2015版《食品安全法》做出的首例"吊证"和对当事人予以从业资格处罚的案件[①]。2016年12月1日至2017年11月30日，湖北相关市县局对37名食品安全严重违法犯罪依法施以最严厉的惩治，除给予行政处罚或刑事司法移送之外，还依法严肃追究相关单位和直接责任人员的法律责任，规定其终身不得从事食品生产经营管理工作，不得担任食品生产经营企业食品安全管理人员[②]。

7.4 启动探索"最严肃的问责"

全面"党政同责、一岗双责"，是党的十八大以来以习近平总书记为核心的党中央强化责任体系建设的重要举措。食品安全是天大的事。"党政同责、一岗双责"业已成为食品安全领域具体贯彻落实"最严肃的问责"的制度形式。

拓展阅读

习近平总书记关于"党政同责、一岗双责"的论述

习近平总书记指出："确保安全生产、维护社会安定、保障人民群众安居乐业是各级党委和政府必须承担好的重要责任"。他同时要求："各级党委和政府要牢固树立安全发展理念，坚持人民利益至上，始终把安全生产放在首要位置，切实维护人民群众生命财产安全。要坚决落

① 半月谈网，2016. 新《食品安全法》最严处罚 如何震慑违法［EB/OL］. http：//www.banyuetan.org/chcontent/lwzg/lwfw/lzfz/20161026/211920.shtml，10月26日.

② 湖北网台，2017. 重拳出击：湖北将37名严重违法犯罪人员列入黑名单［EB/OL］. http：//news.hbtv.com.cn/p/1059032.html，12月7日.

实安全生产责任制，切实做到党政同责、一岗双责、失职追责”。

党政同责、一岗双责、齐抓共管，不仅要体现在安全问题上，而且体现在人民和国家的各项事业上。习近平在主持召开的中央全面深化改革领导小组第十四次会议上指出：“重点督察贯彻党中央决策部署、解决突出环境问题、落实环境保护主体责任的情况。要强化环境保护‘党政同责’和‘一岗双责’的要求，对问题突出的地方追究有关单位和个人责任”。各级党政干部都必须牢固树立齐心协力、同抓共管，共同担当意识，共同建立体制机制，确保各项事业的顺利推进。党政同责，就是党政部门及干部共同担当、共同负责。“一岗”就是职务所对应的岗位；“双责”就是相关人员不仅要对所在岗位承担的具体工作负责，还要对所在岗位或部门相应的“其他事项”责任。

7.4.1 初步形成食品安全问责的制度框架

2014年8月，重庆市政府率先出台了《重庆市食品安全责任追究暂行规定》，明确规定“食品安全责任实行属地管理分级负责、谁主管谁负责、一岗双责的原则”，在全国范围内较早地启动了食品安全“党政同责”和“一岗双责”的探索。2015年10月1日“史上最严”的食品安全法施行后，各地加快启动探索与积极构建食品安全“党政同责”和“一岗双责”的制度体系。2016年3月，湖北省委、省政府率先在全国出台《关于落实食品安全党政同责的意见》，在全省范围内开启了食品安全“党政同责、一岗双责”的先河。同年7月，湖北省委办公厅、省政府办公厅出台《湖北省食品安全问责办法》，进一步明确了党委与政府领导班子及其成员的问责情形。

从各地实施的情况来看，食品安全“党政同责、一岗双责”机制的主要内容是，各级党委、政府将食品安全作为一把手工程，主要负责人同为第一责任人，对本地区食品安全负总责，重大食品安全事项要亲自过问、亲自督办；健全完善督查督办制，各级党委、政府要健全完善食品安全党政同责督查工作机制，明确责任部门，建立流程式工作规范、无缝式责任分工、目标式跟踪落实的工作制度；健全完善考核评价制，要将食品安全工作纳入目标责任制、领导班子和领导干部年度、社会管理综合治理等考核体系中，增加考核权重，发挥考核评价激励约束及导向作用；健全完善责任追究制，要健全完善落实食品安全党政同责的责任追究制，层层压实食品安全责任。

拓展阅读

相关省份食品安全“党政同责、一岗双责”的机制建设

据不完全了解，截至2018年7月，北京、河北、安徽、云南、山东、浙江、贵州、重庆、广西、江西、黑龙江、新疆、西藏等省、自治区、直辖市在各自的行政区域范围内普遍建立了食品安全“党政同责、一岗双责”的机制，辽宁、陕西、河南、江苏、甘肃、福建、广东、四川、湖南、上海、天津等省、自治区、直辖市也不同程度地实施了这个制度。

资料来源：江南大学食品安全风险治理研究院提供。

7.4.2 全面实施食品安全工作评议考核办法

2015版《食品安全法》进一步确立了食品安全问责的法律地位。为全面贯彻这一“史上最严”的食品安全法，落实“最严厉的问责”的要求，2016年8月国务院办公厅发布实施了《关于印发食品安全工作评议考核办法的通知》(国办发〔2016〕65号)。评议考核办法明确规定了食品安全的考核步骤、评分方法、考核等级与结果使用等。该评议考核办法发布后，各省、自治区、直辖市均制定了各自的实施办法，对强化地方政府食品安全组织领导和监督管理责任，提升食品安全保障能力，保障公众身体健康和生命安全起到了十分重要的作用。

链接

国务院办公厅《食品安全工作评议考核办法》的主要内容

考核内容：考核的对象为各省（自治区、直辖市）人民政府。考核主要从食品安全工作措施落实情况和食品安全状况两个方面，对食品安全组织领导、监督管理、能力建设、保障水平等责任落实情况进行评议考核。具体考核指标和分值在年度食品安全工作考核方案及其细则中体现，并根据年度食品安全重点工作进行调整。

考核年度：每年1月1日至12月31日为一个考核年度。

考核步骤：包括实地检查、自查评分、部门评审、综合评议四个步骤。最终由国务院食品安全委员会办公室会同相关部门和单位作出综合评议，形成考核报告，于次年2月底前报国务院食品安全委员会审定。

考核结果：考核结果分A、B、C三个等级。得分排在前10名的为A级，得分排在第11名及以后的为B级。有下列情形之一的，考核等级为C级：①对发生在本行政区域内的食品安全事故，未及时组织协调有关部门开展有效处置，造成严重不良影响或者重大损失的；②对本行政区域内涉及多环节的区域性食品安全问题，未及时组织整治，造成严重不良影响或者重大损失的；③省（自治区、直辖市）人民政府或其相关部门隐瞒、谎报、缓报食品安全事故的；④本行政区域内发生特别重大食品安全事故，或者连续发生重大食品安全事故的。

考核奖惩：考核结果作为对各省（自治区、直辖市）人民政府领导班子和领导干部进行综合考核评价以及实行奖惩的重要参考，考核中发现需要问责的问题线索移交纪检监察机关。对考核结果为A级的省（自治区、直辖市）人民政府予以通报表扬。对在食品安全工作中作出突出贡献的单位和个人，按照规定给予表彰、奖励。对考核结果为C级的省（自治区、直辖市）人民政府，由国务院食品安全委员会办公室会同相关部门和单位约谈，必要时由国务院领导同志约谈该省（自治区、直辖市）人民政府主要负责人，相关领导干部不得参加年度评奖、授予荣誉称号等。

7.4.3 查处食品安全渎职案件与公职人员

2012年以前，查处的食品安全渎职案件与公职人员相对较少。随着“最严厉的问责"的实施，近年来查处的食品安全渎职案件与涉案公职人员数量越来越多。2013年前5个月，全国检察机关共立案查处危害食品安全渎职犯罪案件187件251人。2014年，最高人民法院、最高人民检察院共审结危害食品药品安全犯罪1.1万件，在食品药品生产流通和监管执法等领域查办职务犯罪2 286人。2014年1月至2015年6月，全国检察机关共立案查办食品安全领域渎职犯罪案件429件652人。2015年8月，最高人民检察院通报了11起危害食品安全犯罪典型案例，其中6起为渎职，多名监督部门负责人被判刑。地方司法机关也严厉查处了一批食品安全渎职案件与公职人员[①]。2016年广东省立案侦查食品安全领域渎职犯罪案件16件。2017年河南全省检察机关依法查办该领域渎职犯罪案件27件33人。这些案件直接侵害广大人民群众最关心、最直接、最现实的利益，且渎职犯罪背后往往隐藏着贪污贿赂等犯罪，对人民群众生命健康造成极大威胁。

案例

广东、吉林查处食品安全渎职案件

2015年年底，广东省广州市增城区石滩镇白江村等地一些种植散户购买禁用限用农药并滥用农药，增城区勤发市场、从化区七星农产品交易市场的蔬菜未经检验直接对外销售，引发食品安全隐患。增城区分管农业的副区长江慧雄和时任从化区副区长孙石康被问责，增城区农业局党委书记、局长罗小君和从化区农业局副局长黎均等14名区镇两级农业、食品药品监管单位相关责任人分别受到调离工作岗位、降职使用以及行政警告、行政记过等处罚。

2016年1月，吉林省针对省财政厅未建立养殖环节无害化处理病死猪补助机制、按标准发放补贴问题问责，对省财政厅农业处处长、副处长分别给予行政记过处分。对省财政厅分管农业处的总会计师、党组成员给予诫勉谈话处理。责成省财政厅对未建立养殖环节无害化处理病死猪补助机制、按标准发放补贴问题作出整改，尽快落实省级财政应补助给饲养户的补贴资金差额。

---

① 尹世久，吴林海，等，2016．中国食品安全发展报告（2016）［M］．北京：北京大学出版社．

8 严守国门食品安全

习近平总书记强调：对国内资源生产满足不了或为土地等资源休养生息不得不进口的短缺粮食品种，要掌握进口的稳定性和主动权，把握适当比例，积极利用国外资源。党的十八大以来，我国合理利用国际资源，把握稳定性和主动权，有效满足了国内多样化的农产品与食品消费需求。然而，随着经济全球化水平的不断提升，我国农产品与食品国际贸易环境发生了深刻变化，入境农产品与食品来源更为复杂，传统和非传统农产品安全问题深度交织，呈现安全风险防范难度日趋加大的特征。在习近平总书记坚持开放战略思想与总体国家安全观的指引下，我国积极参与农产品与食品安全风险国际治理，逐步走出了一条有中国特色的进口农产品与食品安全风险全程治理体系，有力地保障了进口农产品与食品安全。

8.1 补充国内食品市场需求

党的十八大以来，按照“综合考虑国内资源环境、粮食供求格局、国际市场贸易条件，必须实施以我为主、立足国内、确保产能、适度进口、科技支撑的国家粮食安全战略”，我国农产品进口贸易呈现出总量相对稳定、结构持续优化、市场来源多元化的基本特征，在调节国内农产品供求关系、满足国内市场多样性等方面发挥了重要作用。

8.1.1 掌握进口的稳定性和主动权

几年来，以进口农产品“要掌握进口的稳定性和主动权，把握适当比例，积极利用国外资源”的要求为指导，我国农产品进口贸易规模保持相对稳定。2012年，我国农产品进口贸易额为1 114.4亿美元，之后的进口贸易额连续两年小幅增长，在2014年达到1 214.8亿美元。2015—2016年，农产品进口贸易额连续两年出现下降，并于2016年下降为1 106.1亿美元，低于2012年的水平。2012—2016年的全国农产品进口贸易额虽然小幅波动，但始终保持在1 100亿美元以上，继续保持世界第一大农产品进口国的地位，较好地把握了农产品进口的规模与节奏，基本避免了进口农产品对国内产业的冲击（图8-1）。

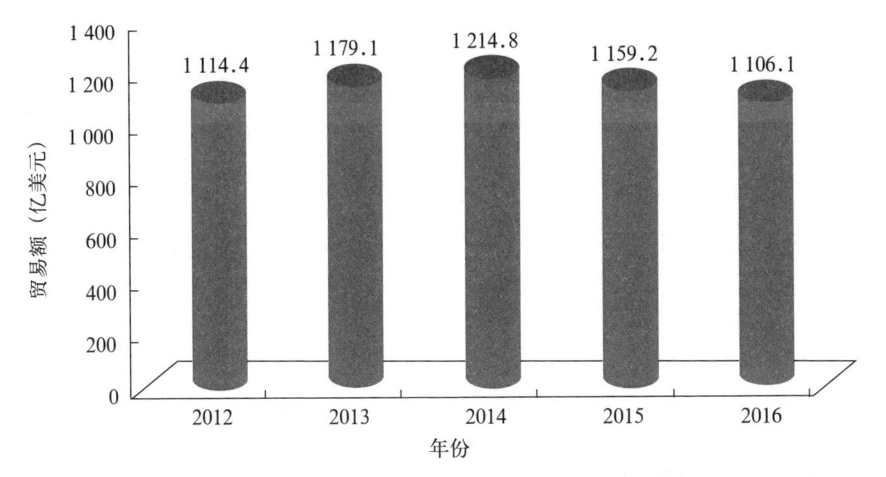

图8-1　2012—2016年我国农产品进口贸易额变化

资料来源：商务部，2012—2016. 中国进出口月度统计报告：农产品［R］. 北京：商务部官网.

8.1.2 优化进口贸易结构

完善农业对外开放战略布局，统筹农产品进出口，加快形成农业对外贸易与国内农业发展相互促进的政策体系，实现补充国内市场需求、促进结构调整、保护国内产业和农民利益的有机统一。这是以习近平总书记为核心的党中央关于发展农产品国际贸易的指导方针。目前，我国农产品进口种类几乎涵盖了全球各类质优价廉的农产品。值得关注的一个态势是，党的十八大以来，我国农产品进口贸易结构正在逐渐发生改变，肉及制品，蔬菜、水果、坚果及制品，水产品，乳品、蛋品、蜂蜜及其他食用动物产品，谷物及制品等进口份额适度增长，而动植物油脂及其分解产品的进口份额则迅速下降。进口农产品的结构逐步优化，对满足国内不同层次的农产品消费需求，平衡国内相关农产品供给不足起到了重要作用（图8-2）。

由于较好地把握了农产品进口的规模与节奏，我国既避免了农产品进口贸易的大起大落，又通过进口贸易结构的优化补充了国内市场需求，更让国内长期紧绷的水土资源这根弦有所调节。2017年，全国轮作休耕面积达到1 200万亩，轮作重点集中在东北冷凉区、北方农牧交错区，休耕集中在河北地下水漏斗区、湖北和湖南重金属污染区、贵州和云南等生态严重退化地区。对此，农产品进口国际贸易功不可没。

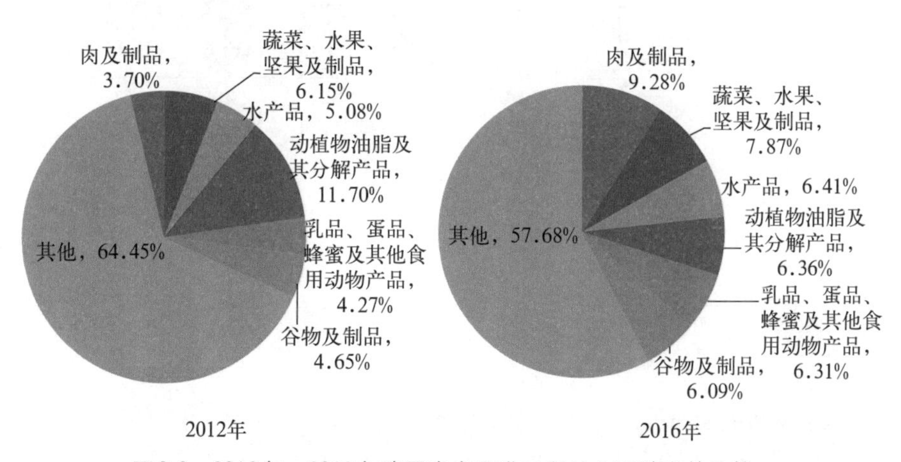

图8-2　2012年、2016年我国农产品进口贸易主要种类的比较

资料来源：商务部，2012，2016. 中国进出口月度统计报告：农产品 [R]. 北京：商务部官网.

8.1.3 满足国内需求

以肉类为例。受国内生产成本增加和需求拉动影响，我国肉类进口量持续增加。根据国家统计局公布的数据，2017年我国肉类（猪肉、牛肉、羊肉和禽肉）总产量8 431万吨，与上年相比增长0.9%，猪肉、牛肉、羊肉、禽肉呈不同程度的增长。2017年猪肉产量比上年增加超过40万吨，而其他肉类产量比上年增加不到10万吨。2017年我国肉类（猪牛羊禽）进口迅猛增加，数量高达344.3万吨，较2016年增长近14.3%（图8-3）。未来受国内需求拉动以及国内外肉类差价影响，肉类进口量将继续保持高位。因此，农产品进口贸易对调节国内农产品供求关系、满足国内市场多样性等方面发挥了重要作用。

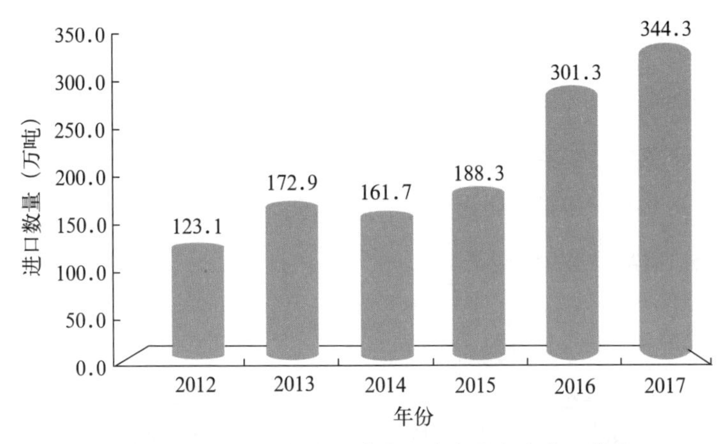

图8-3　2012—2017年中国猪牛羊禽肉等肉类进口数量

资料来源：吴林海，等，2018. 中国食品安全发展报告（2018）[M]. 北京：中国社会科学出版社.

2012—2017年中国猪肉产量和消费量

在中国众多的食品消费种类中，猪肉是最常见也是消费量最大的一类食品。目前我国是全球最大的猪肉生产国，也是全球最大的消费国，国内对猪肉需求量持续增加。1992年中国人均肉类占有量为29.2千克，到2016年中国人均肉类占有量增至61.7千克，增长了1.1倍，超过当年世界人均肉类占有量43.5千克的平均水平，猪肉消费量占全球猪肉消费量的50.06%。

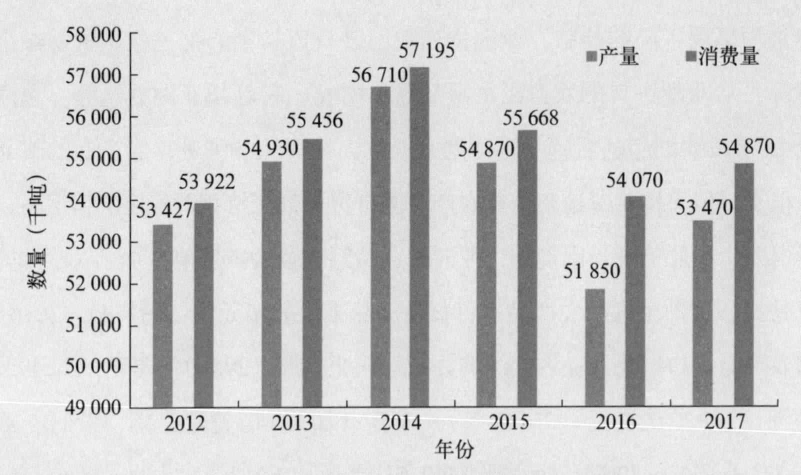

2012—2017年中国猪肉产量和消费量

资料来源：吴林海，等，2018．具有事前质量保证与事后追溯功能的可追溯信息属性的消费偏好研究［J］．中国人口·资源与环境（8）：148–160.

8.2 推动食品进口来源多元化

从2012年10月召开党的十八大到2018年年初，党中央连续发布了6个以农业、农村和农民为主题的中央1号文件。这6个中央1号文件均对农产品进口贸易提出了明确的要求。在党中央领导下，我国农产品进口贸易始终坚持对外开放，深度融入全球体系，持续推动与优化农产品进口来源地布局，保持了农产品进口的基本稳定，积极推动世界经济的复苏，充分体现了习近平总书记坚持开放战略思想和人类命运共同体的价值观。

8.2.1 洲际来源多元化

我国进口农产品来源遍布除南极洲以外的六大洲，其中，北美洲和南美洲是我国农产品进口贸易额最大的两大洲，且两者之间的贸易额差距并不大，但近年来均呈现下降的趋势。亚洲位列我国进口贸易额的第三位，贸易额也逐年下降。从欧洲进口的农产品贸易额逐年增长，有赶超亚洲的趋势。大洋洲于2015年被欧洲超越后就一直位列第五位。我国从非洲进口农产品的贸易额一直很少，但保持相对稳定。在农产品进口贸易额保持相对稳定的情况下，我国适当减少了北美洲、南美洲、亚洲的贸易额，较大幅度地增加了对欧洲的进口贸易额，有助于推动农产品进口贸易洲际来源的多元化（图8-4）。2016年，我国农产品进口贸易额在各大洲的分布是，北美洲（293.0亿美元，26.49%）、南美洲（288.2亿美元，26.06%）、亚洲（203.4亿美元，18.39%）、欧洲（181.3亿美元，16.39%）、大洋洲（112.6亿美元，10.18%）、非洲（27.6亿美元，2.50%）。

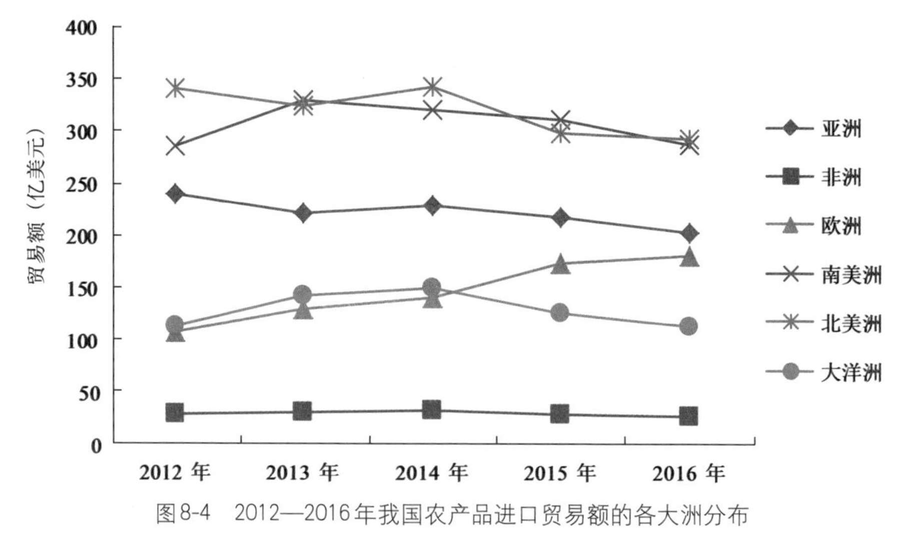

图8-4　2012—2016年我国农产品进口贸易额的各大洲分布

资料来源：商务部，2012—2016. 中国进出口月度统计报告：农产品 [R]. 北京：商务部官网.

链接

党的十八大以来历年中央1号文件关于农产品进口的阐述

1. 2013年中央1号文件《关于加快发展现代农业　进一步增强农村发展活力的若干意见》指出，“完善农产品进出口税收调控政策，加强进口关税配额管理，健全大宗品种进口报告制度，强化敏感品种进口监测。推动进口来源多元化，规范进出口秩序，打击走私行为”。

2. 2014年中央1号文件《关于全面深化农村改革　加快推进农业现代化的若干意见》指出，“综合考虑国内资源环境条件、粮食供求格局和国际贸易环境变化，实施以我为主、立足国内、确保产能、适度进口、科技支撑的国家粮食安全战略。抓紧制定重要农产品国际贸易战略，加强进口农产品规划指导，优化进口来源地布局，建立稳定可靠的贸易关系。有关部门要密切配合，加强进出境动植物检验检疫，打击农产品进出口走私行为，保障进口农产品质量安全和国内产业安全”。

3. 2015年中央1号文件《关于加大改革创新力度　加快农业现代化建设的若干意见》指出，“加强农产品进出口调控，积极支持优势农产品出口，把握好农产品进口规模、节奏。完善粮食、棉花、食糖等重要农产品进出口和关税配额管理，严格执行棉花滑准税政策。严厉打击农产品走私行为。完善边民互市贸易政策”。

4. 2016年中央1号文件《关于落实发展新理念　加快农业现代化　实现全面小康目标的若干意见》指出，“完善农业对外开放战略布局，统筹农产品进出口，加快形成农业对外贸易与国内农业发展相互促进的政策体系，实现补充国内市场需求、促进结构调整、保护国内产业和农民利益的有机统一。优化重要农产品进口的全球布局，推进进口来源多元化，加快形成互利共赢的稳定经贸关系”。

5. 2017年中央1号文件《关于深入推进农业供给侧结构性改革　加快培育农业农村发展新动能的若干意见》指出，“统筹利用国际市场，优化国内农产品供给结构，健全公平竞争的农产品进口市场环境”。

8.2.2 地区来源多元化

从地区分布看，2016年，拉美地区、东盟和欧盟是我国农产品进口贸易最重要的地区，这三个地区对我国出口的农产品贸易额均超过了100亿美元。比较2012年和2016年我国农产品进口的贸易额，拉美地区基本不变，东盟累计下降了10.16%，而欧盟迅速增长了68.06%。可见，我国正在逐步调整农产品进口贸易的地区分布，积极推动农产品进口贸易地区来源的多元化(表8-1)。与此同时，2013年国家主席习近平提出了“一带一路”合作倡议后，我国相关部门率先采取行动与“一带一路”沿线国家深入开展农产品贸易合作，《中共中央 国务院关于落实发展新理念 加快农业现代化实现全面小康目标的若干意见》《中共中央 国务院关于实施乡村振兴战略的意见》也分别提出“加强与‘一带一路’沿线国家和地区及周边国家和地区的农业投资、贸易、科技、动植物检疫合作”，“深化与‘一带一路’沿线国家深入开展农产品贸易合作”，进一步提升了我国农产品进口贸易地区来源的多元化。2013年以来，我国每年从“一带一路”沿线国家进口农产品的贸易额均在200亿美元以上，以实际行动充分践行了习近平关于构建人类命运共同体的价值观。

表8-1 2012年与2016年我国农产品进口贸易主要地区比较

地区分布	2016年		2012年		2016年比2012年
	进口金额（亿美元）	比重（%）	进口金额（亿美元）	比重（%）	年增减（%）
拉美地区	288.2	26.06	286.0	25.66	0.77
东盟	145.0	13.11	161.4	14.48	−10.16
欧盟	140.5	12.70	83.6	7.50	68.06
独联体国家	36.8	3.33	25.4	2.28	44.88
南非关税区	5.5	0.50	4.3	0.39	27.91
中东国家	5.2	0.47	4.8	0.43	8.33
中东欧国家	4.1	0.37	1.9	0.17	115.79
海合会	0.2	0.02	1.4	0.13	−85.71

资料来源：商务部，2012，2016．中国进出口月度统计报告：农产品 [R]．北京：商务部官网．

8.2.3 国别来源多元化

2016年，我国进口农产品来源地包括全球192个国家和地区，几乎囊括了世界所有地区的优质农产品，可见我国进口农产品的来源十分广泛。美国、巴西、澳大利亚、加拿大、新西兰是我国农产品进口的主要国家，尤其美国是我国农产品进口贸易的第一大来源地，2012年占我国农产品进口贸易额的比重高达25.78%。为保障进口农产品市场的稳定，推动进口农产品贸易国别来源多元化，我国适当减少对美国农产品的进口。2016年，进口美国农产品贸易额占我国农产品进口贸易总额的比重已经降为21.55%。与此同时，我国对巴西、新西兰等国家的农产品进口贸易额则有所增加（图8-5）。

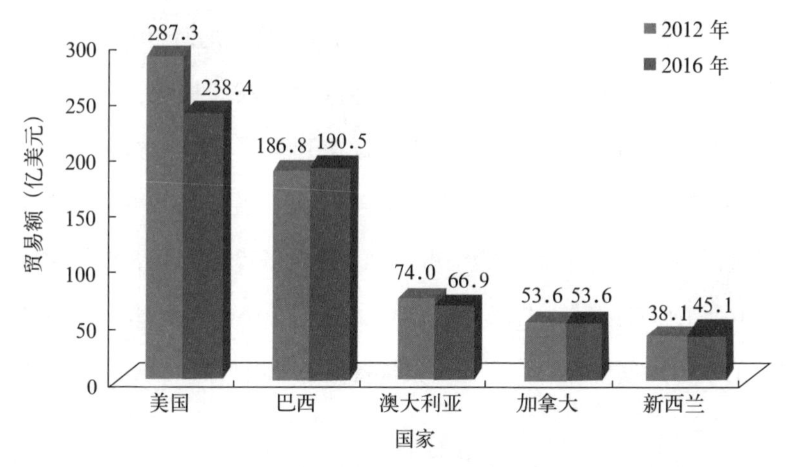

图8-5 2012年、2016年我国与主要国家农产品进口贸易额的比较

资料来源：商务部，2012—2016．中国进出口月度统计报告：农产品［R］．北京：商务部官网．

8.3 完善国门食品安全管理制度的新体系

党的十八大以来，全国进出口管理系统按照“预防在先、风险管理、全程管控、国际共治”的原则，在积累经验的基础上进行大胆创新，已基本构建符合国际惯例、具有中国特色、覆盖“进口前、进口时、进口后”各个环节的进口农产品与食品安全风险全程治理体系，有力地保障了进口农产品与食品安全。

8.3.1 进口前严格的准入管理体系

按照国际通行做法，通过将监管延伸到境外源头，向出口国（地区）的政府（管理当局）、生产企业传导和配置进口农产品与食品安全责任，以实现全程监管。进口前严格准入的制度主要包括输华农产品与食品国家（地区）农产品与食品安全管理体系审查制度、随附官方证书制度、生产企业注册管理制度、进出口商备案管理制度、进境动植物源性农产品与食品检疫审批制度等，基本形成了进口前严格准入的管理体系，有力地保障了进口农产品与食品安全。2016年，国家质量监督检验检疫总局对40个国家（地区）的27种农产品与食品进行了管理体系评估；对178个国家（地区）8大类2 186种进口农产品与食品准入名单实现动态管理；与84个国家（地区）确认了输华水产品卫生证书样本，明确输华肠衣等卫生证书要求；将291种进境动植物源性农产品与食品的检疫审批权下放至27个直属局，审批完成时间由法定20个工作日缩短为4.32个工作日。截至2016年，累计注册89个国家（地区）的16 033家境外生产企业，累计备案境外出口商126 998家，境内进口商30 625家。

8.3.2 进口时严格的检验检疫体系

建立了科学、严密的进口农产品与食品安全检验检疫制度，使检验检疫部门真正承担起监管职能，回归"监管者"角色，有效防范风险流入境内。进口时严格的检验检疫制度主要包括输华农产品与食品口岸检验检疫管理制度、风险监测制度、风险预警及快速反应制度、进境检疫指定口岸管理制度、随附合格证明材料制度、检验检疫申报制度、第三方检验认证机构认定制度等，形成了相对完备的进口环节严格检验检疫的管理体系。2016年，国家质量监督检验检疫总局共对175类进口农产品与食品和272个检验项目实施监督抽检，抽检样品13.9万个；对20类进口农产品与食品和71个检验项目实施风险监测，抽检样品0.5万个；发布风险警示通报51份。截至2016年年底，已累计建成进口肉类指定口岸和查验场56个、进口冰鲜水产品指定口岸62个。

8.3.3 进口后严格的后续监管体系

通过对各相关方的责任进行合理配置，已建立完善的进口农产品与食品追溯体系和质量安全责任追究体系。进口后严格后续监管的制度主要包括输华农产品与食品国家（地区）及生产企业的农产品与食品安全管理体系回顾检查制度、进口和销售记录制度、进出口商和生产企业不良记录制度、进口商或代理商约谈制度、召回制度等。2016年，国家质量监督检验检疫总局共对19个国家（地区）的21种农产品与食品进行了回顾性检查，将出现不良记录的352家进口农产品与食品企业列入风险预警通告，进口后的监管措施更为严格。

8.4 严守国门食品安全的新实践

随着经济全球化的深入推进，农产品与食品供应链的不断延伸，传统和非传统农产品与食品安全问题的日益交织，加剧了进口农产品与食品的安全风险，我国国门安全的内涵和外延比历史上任何时候都要丰富，时空领域比历史上任何时候都要宽广，内外因素比历史上任何时候都要复杂。党的十八大以来，全国海关、质监系统全面贯彻落实习近平总书记的总体国家安全观，将确保进口农产品与食品安全上升到维护国门安全与国家安全的新高度，积极应对我国进口农产品与食品安全领域出现的新问题、新情况、新挑战，采取了一系列新方法、新举措、新安排，为保障国内农产品与食品安全作出了重要贡献。

8.4.1 严厉打击走私犯罪

现阶段全球每年约有1 700万人死于传染病，且主要的传染病是人畜共患病。其中，口蹄疫、高致病性禽流感等人畜共患病疫情在世界范围流行，据世界动物卫生组织统计，仅2012—2015年，全球约有60个国家和地区报告发生了口蹄疫，25个国家和地区报告发生了高致病性禽流感。境外农产品与食品没有经过出入境检验检疫部门的严格检验检疫而是通过走私方式进入境内，不仅逃避国家税收，扰乱进出口贸易的正常秩序，更为严重的是很有可能直接携带口蹄疫等传染病病原体和寄生虫入境，对我国动物疫病防控和公众健康造成严重威胁。党的十八大以来，基于走私犯罪活动已严重威胁了我国进口农产品与食品安全的实际情况，全国海关系统深入持久地推进“专项+联合”行动，会同有关部门和地方政府连续组织开展了2012“国门之盾”、2013“打私联合行动”、2014“绿风”、2015“打击走私五大战役”与“国门利剑2016”“国门利剑2017”等一系列大规模的专项斗争和联合行动，严厉打击各类农产品与食品走私违法活动。例如，在“国门利剑2016”联合专项行动中，海关总署部署22个重点海关开展打击农产品走私“南宁—昆明”专项行动，与公安部、食品药品监管总局共同组织开展“打击冷冻肉品走私集中行动”，全年立案侦办农产品走私犯罪案件616起，案值221.7亿元。其中，侦办大米等粮食走私犯罪案件70起，案值18.6亿元，查证走私大米等粮食36.6万吨；侦办冻品走私犯罪案件174起，查证走私冻品23.6万吨[①]。

案例

广西边境打击冻品走私

由于特殊的地理位置，广西是我国走私冻品的重灾区之一。为此，广西自2012年开始严厉地打击冻品等走私活动。2013年10月，南宁市商务局行政综合执法支队一次性集中深埋销毁了250多吨走私冻品。2014年，南宁海关侦办了3起冻品走私要案，涉案冻品2.87万吨，总案

① 中国海关总署官网，2017．海关总署部署开展打击走私“国门利剑2017”联合专项行动[EB/OL]．http://www.customs.gov.cn/customs/302249/302425/636280/index.html，2月8日．

值高达7.38亿元。2015年第一季度，南宁海关捣毁了3个冻品走私犯罪团伙，涉案冻品2万余吨，案值5亿元。2016年前11个月，南宁海关共立案查办冻品走私犯罪案件52起，案值7.48亿元，涉案冻品2.55万吨，并立案查办冻品走私行为案件117起，案值811.94万元，涉案冻品578.78吨。在广西打击走私冻品的专项行动中发现，走私的冻品基本涵盖主要食用动物和水产品的肌肉、内脏、脚、筋、骨头、翅翼等副产品，来源地包括美国、巴西、英国、加拿大、阿根廷、印度等国家，这些产品一旦进入我国境内将引发巨大的农产品与食品安全风险。

资料来源：李锐，吴林海，等，2016. 中国食品安全发展报告(2016) [M]. 北京：北京大学出版社.

8.4.2 积极应对科技进步引发的新挑战

近年来，全球农产品与食品科技飞速发展，在为人们提供多样化农产品种类、促进食品产业快速发展的同时，也带来了新的农产品与食品安全问题，包括转基因食品安全、核辐射污染的农产品、跨境电商农产品与食品安全等问题。对此，我国积极采取相关措施，应对科技进步引发的进口农产品与食品安全新挑战。例如，针对日本福岛第一核电站的放射性物质外泄问题，我国出入

拓展阅读

全球转基因食品发展状况

转基因食品（genetically modified food，GMF）是指利用基因工程技术改变基因组构成的动物、植物和微生物生产的食品和食品添加剂，是以转基因生物为原料加工生产的食品。基因工程精确且可控，与常规杂交育种相比，基因工程对物种基因的改造可以缩短育种年限、提高育种效率，并有严格监管。基因还可以在植物、动物、微生物中交流，使得遗传资源得以共享。比如，起源于南美的番茄不抗冻，科学家把海鱼的抗

冻蛋白基因转移到番茄上，番茄就抗冻了，这就是遗传资源得到利用。近年来，全球转基因产业发展迅速，截止到2016年，全球转基因作物的种植面积从1996年的170万公顷增加到1.851亿公顷，增加了110倍；种植转基因食品的国家高达26个，包括19个发展中国家和7个发达国家；转基因大豆、玉米、棉花和油菜是种植面积最多的转基因作物，全球约78%的大豆、64%的棉花、26%的玉米和24%的油菜是转基因作物

资料来源：中国生物技术信息网，2017. 2016年全球生物技术/转基因作物商业化发展态势［EB/OL］. http：//www.biotech.org.cn/information/146653，5月5日.

境检验检疫部门在第一时间加强了对来自日本的农产品与食品的检验检疫工作。2015年6月，广州出入境检验检疫局查出6 957件、货值23万元人民币的日本核辐射污染地产农产品与食品，因为均无法提供日本政府出具的放射性物质检测合格证明及原产地证明等资料，均做退运或销毁处理；针对跨境电商可能存在的农产品与食品安全问题，开展跨境电商农产品与食品的重点监测。据艾媒咨询数据显示，2016年我国检测跨境电商食品、化妆品共26 273批，其中检出不合格1 210批，不合格率为4.6%，不合格率比正常贸易渠道高5倍多。

目前，我国已经建立了以国务院条例《农业转基因生物安全管理条例》为总领，以部门规章《农业转基因生物进口安全管理办法》《农业转基因生物标识管理办法》《农业转基因生物安全评价管理办法》《农业转基因生物加工审批办法》《进出境转基因产品检验检疫管理办法》为基础的转基因食品法律法规体系，覆盖转基因研究、试验、生产、加工、经营、进口许可审批和产品强制标识等各环节。具体到转基因食品进口领域，境外转基因食品要申请我国转基因食品进口安全证书，必须满足四个前置条件：一是输出国家或者地区已经允许作为相应用途并投放市场；二是输出国家或者地区经过科学试验证明对人类、动植物、微生物和生态环境无害；三是经过我国认定的农业转基因生物技术检验机构检测，确认对人类、动物、微生物和生态环境不存在风险；四是有相应的用途安全管制措

施，批准进口安全证书后，进口与否，进口多少，由市场决定。而对于未取得进口安全证书的转基因产品，一律不许入境。基于转基因食品法律法规体系，我国出入境检验检疫部门重点加强了进口农产品与食品中可能存在的转基因问题的检测，仅2016年就检出26批次含有违规转基因成分的进口农产品。

拓展阅读

习近平总书记关于转基因问题的论述

习近平总书记指出：讲到农产品质量和食品安全，还有一个问题不得不提，就是转基因问题。转基因是一项新技术，也是一个新产业，具有广阔发展前景。作为一个新生事物，社会对转基因技术有争论、有疑虑，这是正常的。对这个问题，我强调两点：一是要确保安全，二是要自主创新。也就是说，在研究上要大胆，在推广上要慎重。转基因农作物产业化、商业化推广，要严格按照国家制定的技术规程规范进行，稳扎稳打，确保不出闪失，涉及安全的因素都要考虑到。要大胆研究创新，占领转基因技术制高点，不能把转基因农产品市场都让外国大公司占领了。

资料来源：中共中央文献研究室，2014．十八大以来重要文献选编[M]．北京：中央文献出版社．

8.4.3 主动参与食品安全国际共治

中国作为全球第一大食品进口国和世界第二大经济体，一直在努力加强与国际组织、各国政府、农产品与食品企业之间的合作，构建食品安全国际共治新格局，以大国的责任与担当推进食品安全全球治理进程。

8.4.3.1 加强与国际组织的合作　主持亚太经合组织（APEC）食品安全合作论坛，积极参与世界卫生组织（WTO）、国际食品法典委员会（CAC）、世界动物卫生组织（OIE）、国际植物保护公约（IPPC）等国际组织活动，参与农产品与食品安全国际标准的制定，引领农产品与食品安全国际规则的话语权，推动在农产品与食品科技、标准、打击犯罪等领域的多边合作，共同遵守好国际规则。

图说

我国已初步形成了食品安全国际共治格局

截至2016年，我国至少共与70多个国家或地区签署了210多项农产品与食品安全合作协议。同时加强与国际组织、境外农产品与食品生产经营企业的合作，初步形成了食品安全国际共治格局。

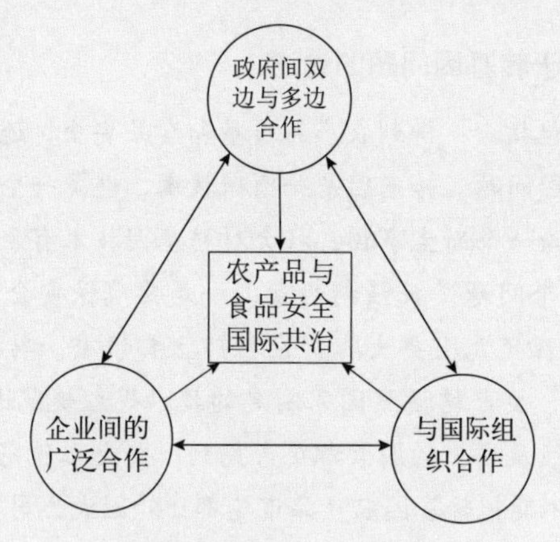

食品安全国际共治格局

资料来源：《2016年中国进口食品质量安全状况白皮书》。

案例

亚太经合组织食品安全合作论坛

亚太经合组织食品安全合作论坛（FSCF）始于2007年，由中国和澳大利亚发起成立，并共同担任论坛联合主席。论坛旨在加强亚太地区食品安全交流合作，促进食品贸易健康发展。目前该论坛已经成为APEC成员经济体食品安全交流合作的最重要平台，其工作成效得到了APEC各经济体领导人的高度重视，每年均被写入APEC领导人宣言及经贸部长联合声明。同时，论坛作为APEC极少数由中方常任主席的论坛，是我国对外宣传的重要渠道，其工作成效得到了外交部和国家质量监督检验检疫总局的充分肯定。

8.4.3.2 加强政府之间的合作 “十二五”期间，国家质量监督检验检疫总局与全球主要贸易伙伴共签署了99项农产品与食品安全合作协议①。2016年、2017年发表与全球主要贸易伙伴签署了24项、44项农产品与食品安全合作协议。积极推进并妥善解决一系列输华农产品与食品检验检疫问题，努力保障进口农产品与食品安全，初步形成了进出口方相互协作、各负其责的共治格局。

案例

博鳌亚洲论坛与国际共治

2015年3月26日至29日，博鳌亚洲论坛2015年年会在海南博鳌召开，主题是“亚洲新未来：迈向命运共同体”。国家主席习近平出席开幕式并作主旨演讲，详细阐述了人类命运共同体的价值观。在人类命运共同体价值观的指导下，3月27日上午，博鳌亚洲论坛2015年年会“食品安全 国际共治”分论坛在博鳌亚洲论坛国际会议中心召开，在国内较早地提出了食品安全国际共治的概念。国家质检总局局长支树平参加分论坛，和与会嘉宾一起围绕新常态下全球食品安全形势与对策、中国进出口食品贸易与安全、跨国食品企业的责任与担当等诸多议题进行了交流。可见，食品安全国际共治是习近平人类命运共同体价值观的重要体现。

8.4.3.3 加强政企之间的合作 近年来，我国不仅让更多优质的食品输进来，也让更多优秀的企业走出去，促进全球农产品与食品贸易深度融合发展。大力指导进口商实施进口农产品与食品质量自主检查，大力推动进口商对境外农产品与食品生产企业开展质量审核，敦促境内进口商、境外生产商及出口商这些市场主体落实进口农产品与食品安全主体责任。大力支持“走出去”

① 中国海关总署，2018．海关总署通报2017年中国进口食品质量安全状况［EB/OL］．http：//www.customs.gov.cn/customs/302249/302425/1939553/index.html，7月20日．

发展战略，优化“走出去”战略相关产品准入程序，简化启动检验检疫准入工作条件，推动解决我国“走出去”企业农产品返销难题，做好农产品与食品企业的服务者。

8.5 严守国门食品安全的新成效

由于贸易全球化不断发展，世界经济复苏乏力，全球农产品与食品安全形势日益严峻复杂，传统和非传统农产品与食品安全问题深度交织，安全风险防范难度日趋加大。尤其是非传统性农产品与食品安全问题突显——农业生物技术的发展，使转基因食品安全问题成为全球热点；跨境电子商务的发展，带来农产品与食品安全新风险。在新的背景下，全国出入境检验检疫部门坚持以习近平总书记关于食品安全的“四个最严”为指导，完善管理体系，大胆创新实践，严守国门食品安全取得了新成效，有效地确保了进口农产品与食品安全。

8.5.1 被拒绝入境的不合格进口农产品与食品批次维持在高位

伴随着进口农产品与食品的大量涌入，我国进口农产品与食品的安全风险也呈现上升的趋势。国家质量监督检验检疫总局的数据显示，仅2016年全国共检验检疫进口农产品与食品132.4万批次，货值达到466.2亿美元，同比分别增长10.4%、1.5%。在出入境检验检疫部门的严格监管之下，五年来被检出而被拒绝入境的不合格进口农产品与食品一直维持在2 000批次以上的高位，其中2014年和2016年更是超过了3 000批次，分别达到3 503批次和3 042批次（图8-6）。

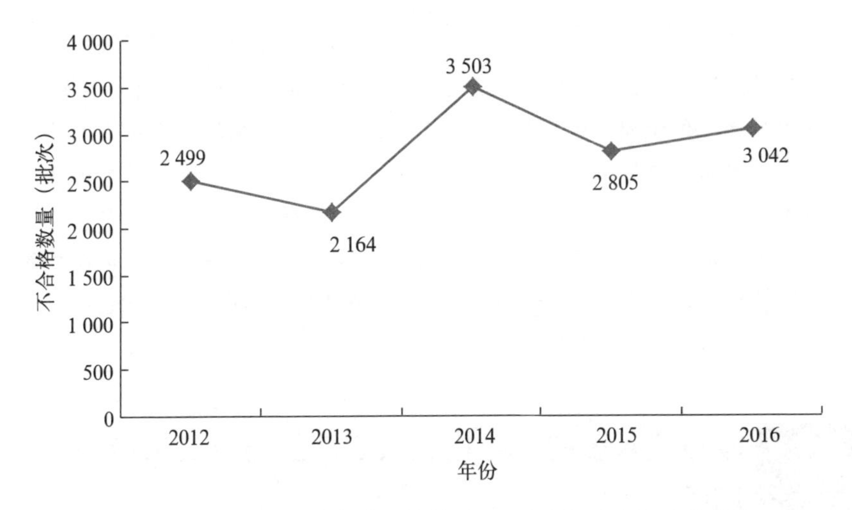

图8-6 2012—2016年被拒绝入境的进口农产品与食品不合格批次

案例

欧洲“毒鸡蛋”事件

据世界卫生组织统计，全球每年大约有200万人的死亡与不安全农产品、食品有关。近年来，全球农产品与食品安全风险增加，世界各国均暴发了系列农产品与食品安全事件，如日本的“雪印”牛奶细菌感染事件、美国的“毒菠菜”事件和花生酱含沙门氏菌事件、英国的“疯牛病”事件和“马肉风波”、德国的“毒草莓”事件以及蔓延整个欧洲的“毒鸡蛋”事件等。其中，欧洲“毒鸡蛋”事件就是较为典型的案例。

2017年8月，欧洲的比利时、荷兰等国家的食品安全监管部门发现鸡蛋中含有杀虫剂氟虫腈成分，随后德国、法国、瑞典、英国、奥地利、爱尔兰、意大利、卢森堡、波兰、罗马尼亚、斯洛伐克、斯洛文尼亚、丹麦和瑞士等欧洲国家也受到波及，受到污染的“毒鸡蛋”流入16个欧洲国家。氟虫腈是一种苯基吡唑类杀虫剂，具有慢性神经毒性作用，人若大剂量食用可致肝功能、肾功能和甲状腺功能损伤，被世界卫生组织列为“对人类有中度毒性”的化学品。我国对进口禽蛋及其产品实施严格的检验检疫准入管理，目前欧盟各成员国的新鲜禽蛋和禽蛋产品均尚未获得检验检疫准入资格，不能向我国出口，因此我国未受到"毒鸡蛋"事件影响。但欧洲"毒鸡蛋"事件警示我们，发达国家仍存在较高的农产品与食品安全风险，且一旦发生农产品与食品事件，事件的波及范围将十分广泛。对此，我国出入境检验检疫部门对进口农产品与食品中的食品添加剂不合格、微生物污染、标签不合格、包装不合格、携带有害生物等问题进行了全方位检验检疫，较好地保障了国内食品安全。

8.5.2 被拒绝入境的不合格进口农产品与食品来源地分布广泛

2016年，我国检出的被拒绝入境的不合格进口农产品与食品来自82个国家和地区，占192个进口农产品与食品来源地的42.71%，超过四成进口来源国家和地区不同程度地存在不合格农产品与食品。被拒绝入境的进口不合格农产品与食品批次最多的前10位来源地分别是，中国台湾（722批次，23.73%）、美国（198批次，6.51%）、日本（182批次，5.98%）、韩国（162批次，5.33%）、马来西亚（143批次，4.70%）、法国（119批次，3.91%）、西班牙（114批次，3.75%）、德国（112批次，3.68%）、越南（100批次，3.29%）、澳大利亚（95批次，3.12%）（图8-7）。上述10个国家和地区不合格进口农产品与食品合计为1 947批次，占全部被拒绝入境的不合格3 042批次的64.00%，是我国进口农产品与食品的重点检验检疫国家和地区。

8.5.3 被拒绝入境的不合格进口农产品与食品具有较高的安全风险

2012年以来，我国各年度进口农产品与食品不合格的主要原因基本一致。以2016年为例，2016年我国进口农产品与食品不合格的前五大原因依次是食

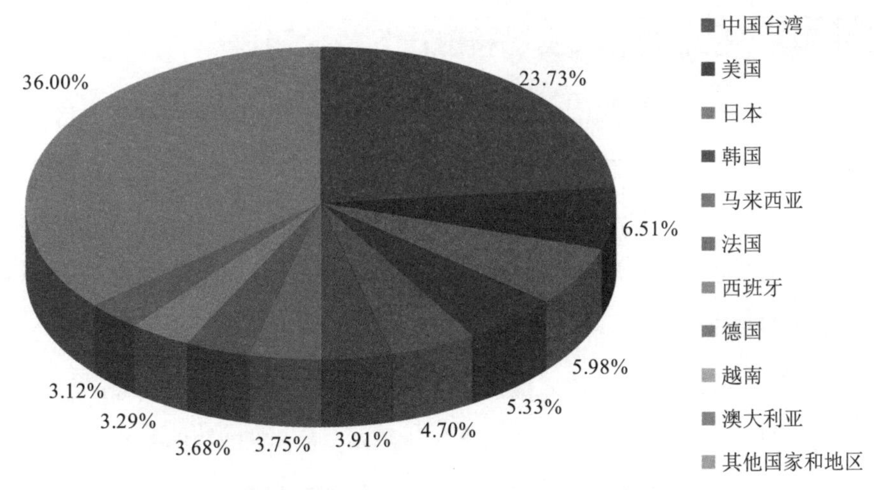

图8-7 2016年被拒绝入境的进口不合格农产品与食品主要来源地分布

品添加剂不合格、微生物污染、标签不合格、品质不合格、证书不合格，这五大原因导致的不合格批次占全部不合格批次的75.18%（图8-8）。其中，食品添加剂不合格与微生物污染是我国进口农产品与食品不合格的最主要原因，共有1 218批次，占全年所有不合格进口农产品与食品批次的40.04%。一大批具有较高风险的农产品与食品被拒绝入境，有效地保障了国内食品安全。

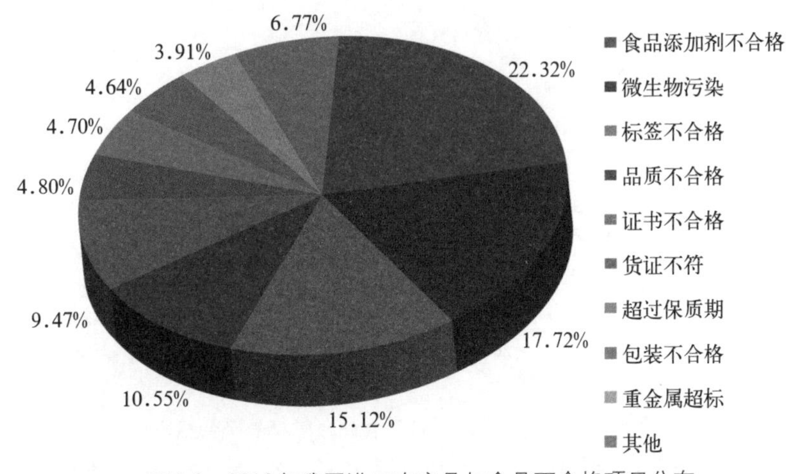

图8-8 2016年我国进口农产品与食品不合格项目分布

8.5.4 严格监管进口食品接触产品成效明显

食品接触产品是指日常生活中与食品直接接触的器皿、餐厨具等产品，这类产品会与食品或人的口部直接接触，与消费者身体健康密切相关。随着国内居民生活水平的不断提高，高档新型的进口食品接触产品越来越受到人们的喜爱，进口数量也在快速增长，保障进口食品接触产品的安全性已成为出入境检验检疫部门重点关注的新热点。

2012年以来，我国被出入境检验检疫部门检出的进口食品接触产品不合格率逐年攀升，由2012年的3.77%增长到2016年的9.83%（图8-9）。2016年不同种类的进口食品接触产品的不合格率由高到低依次是塑料制品、金属制品、纸制品、其他制品、日用陶瓷等，被拒绝入境的不合格进口食品接触产品14 895批次。成效明显的主要原因是国家为保护消费者健康安全而实施了《进口食品接触产品检验监管工作规范》《食品安全国家标准食品接触材料及制品通用安全要求》（GB 4806.1—2016）等新规范和新标准，并且持续加大对进口食品接触产品质量安全的监管力度。

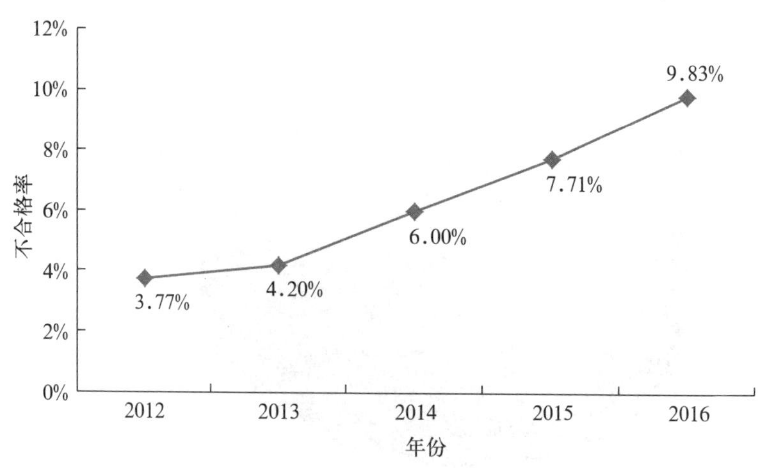

图8-9 2012—2016年进口食品接触产品不合格率

资料来源：国家质量监督检验检疫总局，2013—2016. 全国进口食品接触产品质量状况 [R]. 北京：国家质量监督检验检疫总局官网.

图说

2012—2016年我国进口食品接触产品的批次

虽然我国进口食品接触产品的货值近年来呈现先增加后降低的趋势，但进口批次从2012年的14 891批次增长到2016年的151 563批次，增长了9.18倍，增长势头迅猛。未来我国进口食品接触产品的批次将继续呈现不断增长的态势。

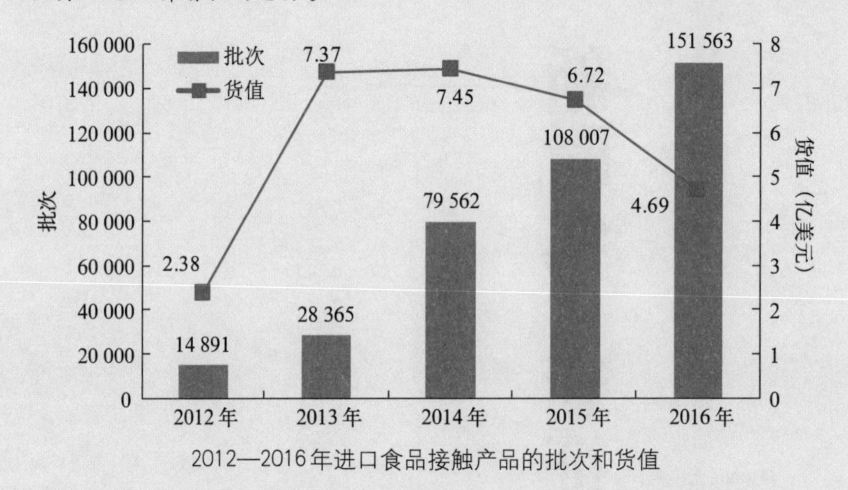

2012—2016年进口食品接触产品的批次和货值

资料来源：国家质量监督检验检疫总局，2013—2016. 全国进口食品接触产品质量状况［R］. 北京：国家质量监督检验检疫总局官网.

结语

新时代　新征程

9 新成效与新时代的新征程

时光飞逝，中国推进食品安全风险治理的实践创新从未停歇。党的十八大以来的这几年，是全面推进从田间到餐桌“舌尖上”安全风险治理举措最有力、实践最生动、经验最丰富、成绩最丰硕的几年，这是一个了不起的成就。然而，食品安全没有“零”风险。中国的食品安全风险治理仍然面临一系列繁杂的问题，任务仍然十分艰巨，道路并不平坦。中国特色社会主义进入了新时代，有效满足人民美好生活需要对食品安全的新期待，这是新时代社会治理的重大任务。全面贯彻党的十九大报告关于“实施食品安全战略，让人民吃得放心”的精神，以习近平总书记关于食品安全“四个最严”为遵循，我们可以充满信心地说，中国食品安全风险治理在新的征程上必将继续创造新的成就。

9.1 食品安全风险治理的新成就

让我们从农产品、食品与食品接触产品质量安全等一系列数据来量化这几年中国推进食品安全风险治理伟大实践所取得的成就。

9.1.1 食用农产品质量安全水平稳中向好

党的十八大以来，我国主要食用农产品质量安全状况稳中向好。2017年，农业部按季度组织开展了4次国家农产品质量安全例行监测，共监测全国31个省（自治区、直辖市）155个大中城市5大类农产品109个品种，总体抽检合格率为97.8%，比2013年上升了0.3个百分点。2013—2017年我国主要食用农产品总体合格率虽然有所波动，但这是合格率在高位水平上的合理波动，稳中向好的基本面非常清晰（图9-1）。

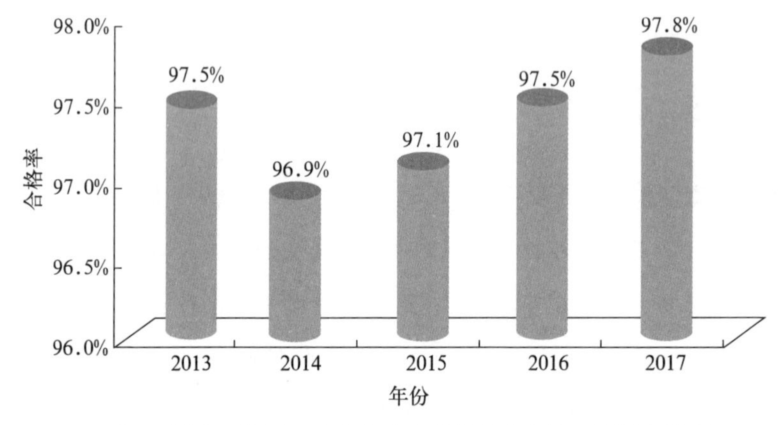

图9-1　2013—2017年农业部农产品质量安全例行监测合格率

资料来源：根据农业部农产品质量安全例行监测合格率整理形成。

具体从蔬菜、水果、茶叶、畜禽产品和水产品等主要食用农产品质量安全例行监测状况来看，2017年，蔬菜、水果、茶叶、畜禽产品和水产品抽检合格率分别为97.0%、98.0%、98.9%、99.5%和96.3%，均在高水平上小幅合理波动，稳定向好的基本面同样非常清晰（图9-2）。

图说

国家农产品安全例行监测的类别与参数

2017年，农业部按季度组织开展了4次国家农产品安全例行监测，共监测蔬菜、水果、茶叶、畜禽产品和水产品等5大类产品109个品种，监测农兽药残留和非法添加物等94个，抽检样品42 728个，与2012年相比，农产品例行监测的覆盖面、农产品的监测品种、监测的参数、抽检样品的数量总体上持续提升。

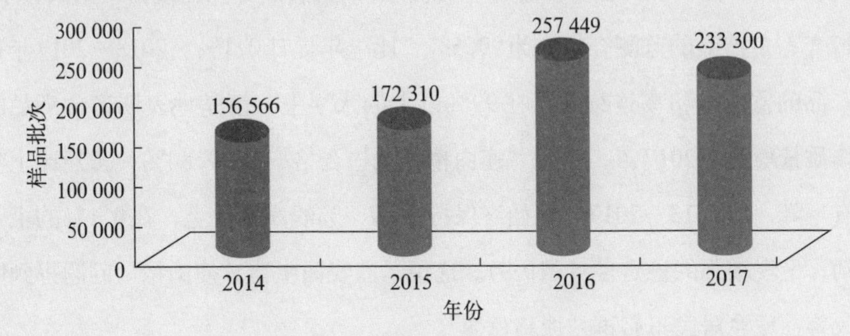

2014—2017年国家食品药品监督管理总局食品安全监督抽查样品批次

资料来源：吴林海，陈秀娟，尹世久，等，2018．中国食品安全发展报告（2018）[M]．北京：北京大学出版社．

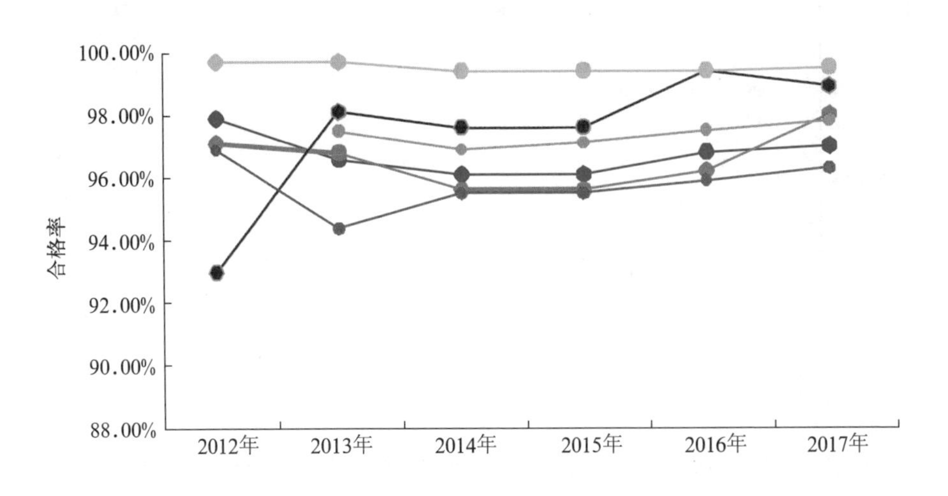

图9-2 2012—2017年蔬菜、水果、茶叶、畜禽产品和水产品例行监测合格率

资料来源：吴林海，尹世久，陈秀娟，等，2018．从农田到餐桌，如何保证“舌尖上”的安全——我国食品安全风险治理及形势分析[iv]，光明日报，8月3日．

一直以来，国内消费者十分关注畜禽产品中“瘦肉精”以及磺胺类等药物残留的安全状况。2017年，农业部对畜禽产品主要例行监测了猪肝、猪肉、牛肉、羊肉、禽肉和禽蛋等产品中“瘦肉精”、磺胺类等药物残留，结果显示，2017年畜禽产品的监测合格率为99.5%，比上年提升0.1%。2013—2017年畜禽产品的监测合格率连续保持在99%以上的水平上，清楚地表明畜禽产品的总体质量稳定。2017年，生猪“瘦肉精”抽检合格率为99.80%，虽然比上年略有下降，但2013—2017年间始终保持在99.7%的高水平上，在0.1%的上下波动，呈现较强的稳定性（图9-3）。这预示着我国生猪“瘦肉精”问题得到明显改善，城乡居民不必再“谈猪色变”。

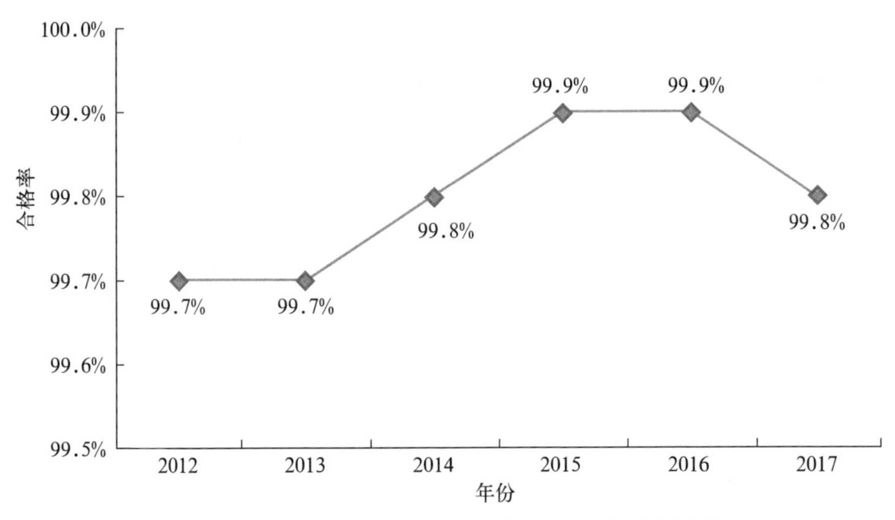

图9-3　2012—2017年农业部瘦肉精污染物例行监测合格率

资料来源：根据2012—2017年农业部农产品质量安全例行监测数据整理形成。

总之，党的十八大以来，是全面贯彻“四个最严”、较真碰硬、切实笃行的几年，是深化改革、夯基垒台、立梁架柱并取得巨大成就的几年。在以习近平总书记为核心的党中央的坚强领导下，我国食用农产品安全风险治理取得了历史性的巨大成就，擘画了新征程上食用农产品安全风险治理最为绚烂的篇章。

9.1.2 食品安全总体状况稳定趋好

2017年，国家食品药品监督管理总局在全国范围内共组织监督抽检了23.33万批次样品，总体平均抽检样品合格率为97.6%，比2016年提高了0.8个百分点。2013—2017年，我国食品安全总体监督抽检合格率均保持在96%以上的水平，而且2017年比2013年提高了1.5个百分点（图9-4）。这充分说明，党的十八大以来，我国食品安全状况保持稳定趋好的格局。

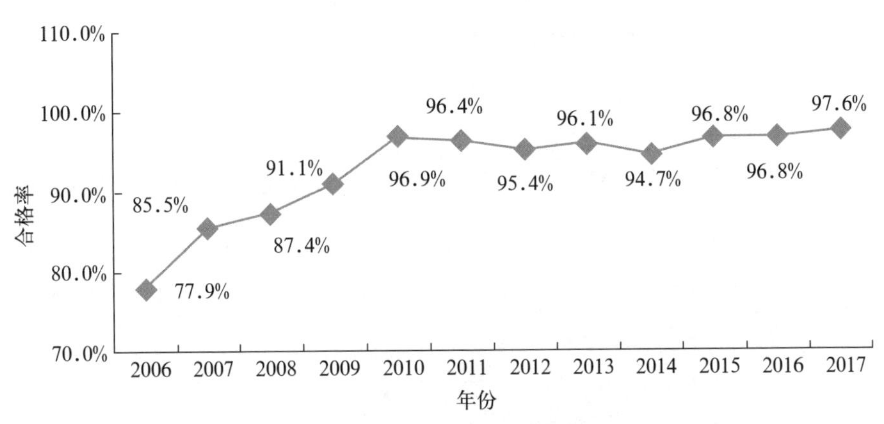

图9-4 2007—2016年国家食品监督抽检合格率

资料来源：根据2007—2016年国家质检总局、食药总局等资料整理形成。

拓展阅读

新型食品连锁提升食品安全保障水平

广东省作为农业大省，农产品种类繁多，特别是生鲜农产品产量巨大。2016年，广东省蔬菜产量3 569.12万吨、水果产量1 580.96万吨、水产品873.79万吨、猪肉产量264.38万吨、禽肉产量135.08万吨。依托国家政策，广东省着力培育农业新产业新业态，突出推进生鲜农产品延长产业链条和增值链条，强化供给侧改革，构建生鲜农产品产业链。广东温氏食品集团股份有限公司在此方面进行了积极的探索，基本形成了以"从农场到餐桌"全渠道无缝对接的、安全优质食品为核心，以建立"畜禽养殖—屠宰加工—中央仓储—物流配送—连锁门店"为主要形态的新型食品连锁模式，至目前为主已开设统一物流配送体系和流通分销管理系统的200余家生鲜门店。2016年，该集团公司实现上市肉猪1 713万头、肉鸡8.19亿只、肉鸭2 626万只，总销售收入594亿元。温氏肉鸡、肉猪产品，因其自然生态的品质、安全放心的保障，深受广大客户和消费者的信赖，在广东省市场占有率达20%以上。此外，集团长期为香港供应优质牛奶，占香港原料奶的市场份额超过70%。

资料来源：仲恺农业工程学院提供。

进一步分析，我国城乡居民日常消费的大宗食品整体合格率均保持在97.5%以上的高位水平。2017年，蛋制品、乳制品、粮食制品、水产制品、蔬菜制品、食用油及其制品的抽检合格率分别为99.3%、99.2%、98.8%、98.1%、98.0%、97.7%（图9-5）。

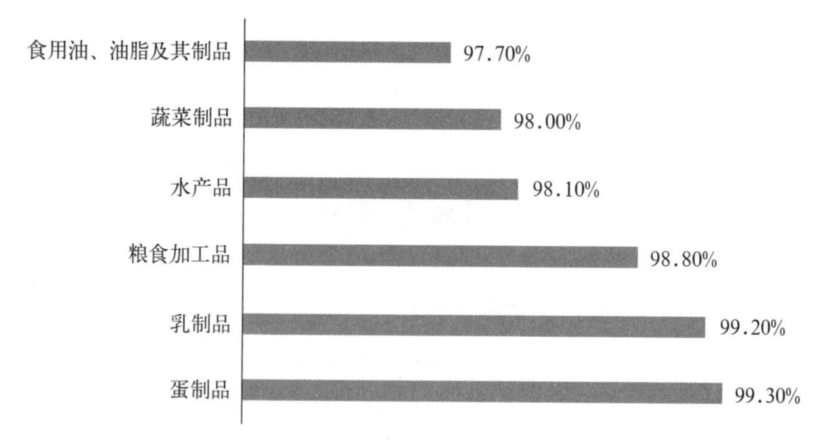

图9-5 2017年城乡居民日常消费的大宗食品合格率

资料来源：国家食品药品监督管理总局，2017. 2017年各类食品抽检监测情况汇总分析 [R]. 北京：原国家食品药品监督管理总局官网.

与此同时，2014年以来，虽然不同环节食品安全监督抽检质量有所波动，但总体上保持稳定且趋于上升的格局。2017年生产、流通和餐饮环节的抽检合格率分别为97.4%、97.8%和97.1%。其中，生产环节连续4年合格率呈上升趋势（图9-6）。

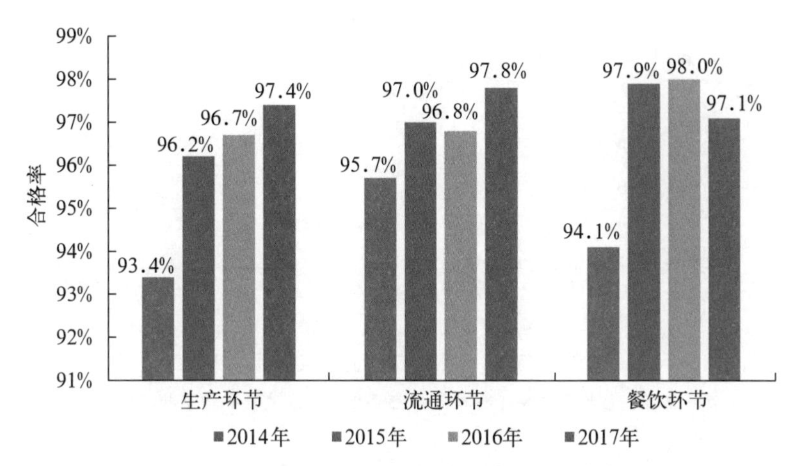

图9-6　2014—2017年不同环节的食品监督抽检合格率

资料来源：国家食品药品监督管理总局，2014—2017．各类食品抽检监测情况汇总分析［R］．北京：原国家食品药品监督管理总局官网．

9.1.3 食品相关产品质量水平呈现向好的态势

2016年，国家质量监督检验检疫总局抽查了2 413家企业生产的与食品相关的6种类型的2 919批次产品，抽查合格率为97.6%，比2015年提高了0.8个百分点。其中，接触食品的消毒剂产品抽查合格率为100%；塑料材质—接触乳制品的塑料包装材料和容器、玻璃材质—接触食品的容器2种产品抽查合格率均高于95%；纸材质—接触食品的包装材料和容器、橡胶材质—接触食品的密封件、金属材质—接触烘焙食品的生产设备3种产品抽查合格率介于90%～95%之间。2017年，国家质量监督检验检疫总局抽查了2 370家企业生产的3种类型的2 507批次食品相关产品，抽查合格率为96.6%。虽然2017年食品相关产品较2016年下降了1个百分点，但仍然比2013年提高了4.8个百分点（图9-7）。

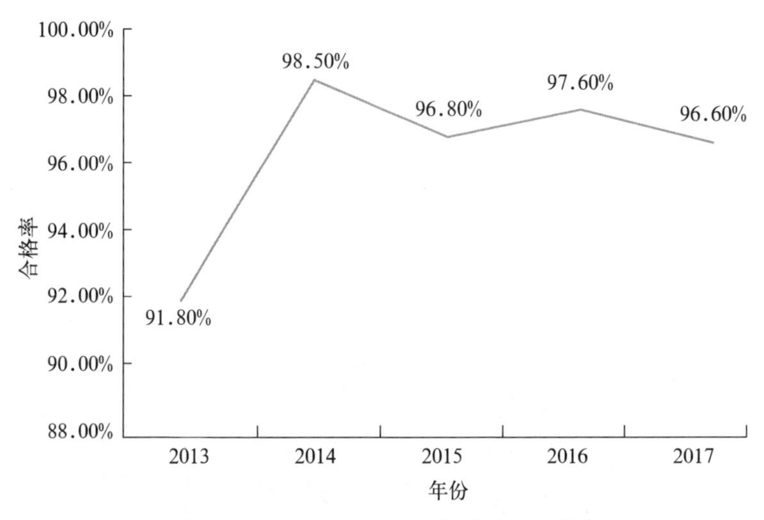

图9-7 2013—2017年食品相关产品合格率

资料来源：质检总局关于公布2017年国家监督抽查产品质量状况的公告。

拓展阅读

食品相关产品

食品相关产品是指与食品直接接触，从而可能会影响到食品安全的各类产品。具体包括直接接触食品的材料和制品（食品用包装、容器、工具、加工设备以及涂料等）、食品添加剂（食用香精香料、食用色素、酵母等）、食品生产加工用化工产品（洗涤剂、消毒剂、润滑剂等）。材质上包括塑料、纸、竹、木、金属、搪瓷、陶瓷、橡胶、天然纤维、化学纤维、玻璃等。食品相关产品是食品安全不可分割的组成部分。有些食品本身没有问题，但是由于与它接触的相关产品的影响而发生不安全问题，这种影响主要表现在：第一，相关产品自身在生产制造中发生问题，如设计问题、制造问题；第二，相关产品自身没有问题，但是在与食品接触后发生问题，如不同材质的相关产品与不同的食品接触以及不同的保质期和保存方法等，会引发食品的酸碱的、物理的或其他化学的方面的变化。这类问题大多是潜在的，随着时间的推移不断的蓄积进而凸显出来。

2015版《食品安全法》第四十一条规定，生产食品相关产品应当符合法律、法规和食品安全国家标准。对直接接触食品的包装材料等具有较高风险的食品相关产品，按照国家有关工业产品生产许可证管理的规定实施生产许可。质量监督部门应当加强对食品相关产品生产活动的监督管理。

资料来源：江南大学食品安全风险治理研究院提供。

9.1.4 食品安全风险治理水平达到了一个崭新的高度

党的十八大以来，中国特色的食品安全风险治理达到了一个崭新的高度，光明大道已经开辟，道路越走越宽广。本书的研究团队基于突变模型，通过建立科学的评价指标体系，采用国家宏观层面的统计数据，计算了自2006年以来我国食品安所处的风险区间。计算的结果表明，2011年我国的食品安全系统风险总值为0.609，处于轻度风险区。但2012年食品安全系统风险总值下行至0.426。2012年以来，虽然食品安全系统风险总值有所波动，但总体上一路下行，进入相对安全风险区间。到2017年达到了0.307的历史最低点(图9-8)。当然，食品安全是相对的，世界上没有绝对安全的食品，食品安全风险处于相对安全区间也必然存在着各种潜在的风险。但是，中国的食品安全

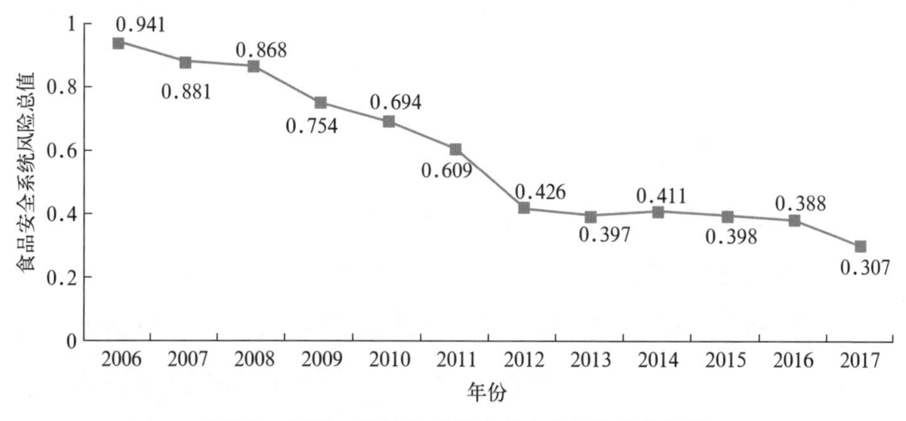

图9-8　2006—2017年我国食品安全风险总体评估

这个涉及人口如此之多、对国计民生影响力如此之巨、治理难度如此之大的领域，进行一场全面深远的变革，并在短短五年时间里，实现食品安全状况跃升一个崭新的高度。这是习近平新时代中国特色社会主义思想引领14亿中国人开拓创新的现实观照。

9.2 新时代食品安全风险治理的新评价

新时代中国食品安全风险治理伟大实践所取得的成就，增强了人民群众对食品安全的信心，提升了人民群众食品安全的获得感、幸福感。与此同时，也受到了国际组织与相关媒体的积极评价。

9.2.1 老百姓食品安全满意度有了新的提高

评价新时代食品安全风险治理的新成效，首要的标准是老百姓食品安全满意度。2018年1月，上海市食品药品安全委员会办公室与上海市食品药品监督管理局联合发布的《2017年上海市食品安全状况报告》数据显示，2017年上海市民当年对食品安全满意度为76.1分，比2016年增加3.8分；市民对食品安全的认同和感受度较高，选择"很安全""比较安全"的占87.9%，同比上升4.4个百分点。同样的，2017年北京老百姓食品安全满意度达到了86.7%，比2015年提升8.0个百分点。

上海、北京老百姓对食品安全满意度的提升是全国的一个缩影。党的十八大以来，全国31个省、自治区、直辖市全面贯彻习近平总书记"四个最严"的要求，按照党中央食品安全风险治理"四梁八柱"的制度安排，有效落实食品安全属地管理责任，创新探索食品安全风险治理的新路径，整体提升了全国食品安全风险的治理水平，有效地增强了老百姓对食品安全的满意度。一个典型的例子是，2018年2月，江南大学食品安全风险治理研究院在对江苏省

图说

2017年北京老百姓食品安全满意度达到86.7%

国家统计局北京调查总队对北京市食品安全公众满意度进行的调查结果表明，2017年公众食品安全满意度为86.7%，与上年同期基本持平，比2015年提升8.0个百分点。其中，选择“满意”的被访者比重为19.1%，比上年同期提升4.2个百分点，连续2年攀升。同时，64.2%的被访者表示食品安全状况比上年同期有好转。

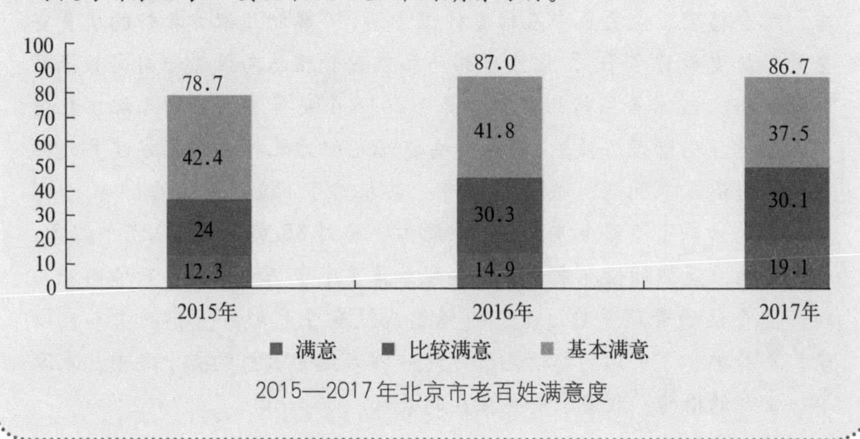

2015—2017年北京市老百姓满意度

13个设区市1 770个20～49周岁的城乡育龄妇女的抽样调查表明，72.99%的受访者认可目前媒体所说的“中国生产的婴幼儿奶粉的质量是历史上最好的时期”；64.58%的受访者在购买婴幼儿奶粉时，以购买国内的品牌或混合购买国内外品牌为主。育龄妇女对婴幼儿奶粉质量是最有发言权的，城乡育龄妇女对“国产奶粉质量水平历史最好”较高比例的认同，绝对不是偶然的，而是老百姓对党的十八大以来食品安全水平有效提升真实的感受，足以说明老百姓食品安全满意度得到了提升。

老百姓对政府食品安全监管的满意度也在提升中。国家质量监督检验检疫总局官网2018年3月23日发布信息，称近日欧盟食品饲料快速预警系统通报，荷兰一婴幼儿配方乳粉生产企业在自检中发现使用了一批疑似受到阪崎肠

拓展阅读

婴幼儿配方乳粉的质量安全处于历史最好水平

2018年1月23日，国家食品药品监督管理总局举行新闻发布会，通报2017年食品安全监督抽检情况。抽检结果显示，2017年我国婴幼儿配方乳粉抽检合格率为99.5%，而婴幼儿配方乳粉中的非法添加剂“三聚氰胺”已连续9年“零”检出。国家食品药品监督管理总局副局长孙梅君表示，婴幼儿配方乳粉质量安全指标和营养指标基本与国际水平相当，不合格项目主要集中在标签标识方面，“婴幼儿配方乳粉的质量安全处于历史最好水平。”国家食品药品监督管理总局监管一司司长张靖对此指出，国家食品药品监管总局于2016年发布了《婴幼儿配方乳粉产品配方注册管理办法》，重点解决婴幼儿配方乳粉品牌配方过多，标签和广告混乱等问题。截至2017年，共批准了139家企业的1 040个配方，包括境内100家企业的813个配方，境外39家企业的227个配方。从已经批准注册的情况来看，这些配方覆盖了市场上绝大多数境内外品牌，整个注册管理平稳过渡，市场供应没有受到影响。党的十八大以来，总局把公众关切的婴幼儿配方乳粉作为监管工作的重中之重，采取了一系列的措施，取得了实实在在的效果。

杆菌污染的乳清粉，导致3个品牌、5个批次的婴儿配方乳粉存在阪崎肠杆菌污染风险，相关产品已出口到中国、越南、沙特阿拉伯等国家。对此，国家质量监督检验检疫总局迅速展开核查的结果表明，对华出口的为Lypack（注册号NL Z0238 EC）生产的润贝婴儿配方乳粉（Rearing Baby），生产批号为0000011087和0000011079。该货物目前在口岸监管仓库，尚未进入流通领域[①]。在过去，婴儿配方乳粉质量问题如有任何一点风吹草动都会引起中国奶粉市场的轩然大波。然而，国内消费者对2018年3月发布的荷兰婴幼儿配方乳

① 国家质量监督检验检疫总局，2018．关于荷兰相关批次婴儿配方乳粉的情况通报［EB/OL］．http：//www.aqsiq.gov.cn/zjxw/zjxw/zjftpxw/201803/t20180323_514791.htm，3月23日．

粉疑似受到阪崎肠杆菌污染且可能流入国内市场的信息表现了出奇的淡定，这主要得益于中国婴幼儿奶粉安全标准的日渐严格，入境产品都受到了更加严格的监控，这一信息也从侧面说明了中国奶粉行业在品质与监管上取得的进步。

案例

江苏省城乡育龄妇女对婴幼儿奶粉质量安全状况的评价

为了验证“婴幼儿配方乳粉的质量安全处于历史最好水平”这个问题，2018年2月，江南大学食品安全风险治理研究院组织了江苏籍的97名研究生与本科生在各地的生源地，按照科学设定的分层抽样方法对江苏省13个设区市的城乡育龄妇女展开了“婴幼儿奶粉质量安全状况的调查”。抽样调查获得1 770个有效样本，其中城市与农村样本分别为833、937个。在1 770个有效样本中，35岁以下年龄段的受访育龄妇女比例最高，为71.92%；36～49岁的受访育龄妇女所占比例为28.08%；85.25%的受访育龄妇女已生育孩子。抽样调查表明，65.31%受访的育龄妇女对目前国产婴幼儿奶粉安全品质持“基本信任”“比较信任”和“非常信任”的态度，72.99%的受访育龄妇女“基本认同”“比较认同”“非常认同”目前媒体所说的“中国生产的婴幼儿奶粉的质量是历史上最好的时期”。

资料来源：江南大学食品安全风险治理研究院提供。

拓展阅读

阪崎肠杆菌

阪崎肠杆菌，是肠杆菌科的一种，1980年由黄色阴沟肠杆菌更名为阪崎肠杆菌。阪崎肠杆菌能引起严重的新生儿脑膜炎、小肠结肠炎和菌血症，死亡率高达50% 以上。目前，微生物学家尚不清楚阪崎肠杆菌的污染来源，但许多病例报告表明婴儿配方粉是目前发现的主要感染渠道。

资料来源：江南大学食品安全风险治理研究院提供。

9.2.2 公民科学素质的提升与食品安全投诉量的下降

中国科协于2015年3~8月开展了第九次中国公民科学素质抽样调查。调查范围为我国31个省、自治区、直辖市。调查显示，我国公民科学素质总体水平大幅提升，2015年我国具备科学素质的公民比例达到了6.20%，比2010年的3.27%提高了近90%，进一步缩小了与西方主要发达国家的差距。其中，上海、北京和天津的公民科学素质水平分别为18.71%、17.56%和12.00%，位居全国前三位，分别达到美国和欧洲发达国家2000年的水平；江苏（8.25%）、浙江（8.21%）、广东（6.91%）和山东（6.76%）四省的公

声音

谣言干扰了老百姓对食品安全状况的评价

洪巍（江南大学食品安全风险治理研究院副教授）：由于网络的开放性、自由性、隐蔽性等特征，近年来大量夸大、虚假的食品安全信息在网络上广泛传播，并形成了具有独特特征的食品安全网络谣言。现阶段网络谣言中食品安全谣言约占45%，位居第一位。食品安全谣言数量庞大且传播广泛，可能的原因是：第一，食品安全治理是一个长期的、艰苦的过程，食品安全问题难以在短期内完全解决，我国食品安全事件时有发生，导致食品安全谣言有机可乘。第二，公众的食品安全知识相对匮乏，面对食品安全谣言时难以甄别真伪，在“宁可信其有，不可信其无”的心态下容易受到食品安全网络谣言的影响。第三，部分媒体食品安全专业知识也相对匮乏，难以准确识别食品安全谣言，但为了吸引公众的眼球关注，更倾向于报道一些“爆炸性”的新闻，相关媒体就可能会成为食品安全谣言的传播媒介。第四，食品安全谣言主要在微信等平台上传播，信息传播具有较高的隐蔽性，政府监管的难度较大，难以及时辟谣。

资料来源：洪巍，等，2017. 中国食品安全网络舆情发展报告(2017) [M]. 北京：中国社会科学出版社.

民科学素质水平超过了全国总体水平；福建（6.10%）、吉林（5.97%）、安徽（5.94%）等13个省、自治区的公民科学素质水平超过5%。公民科学素养的提升为消费者准确认识我国现阶段的食品安全提供了科学基础。

图说

我国公民科学素质有效提升

2015年9月19日，中国科学技术协会发布了第九次中国公民科学素质调查结果。调查显示，2015年我国公民具备科学素质比例首达6.2%，与2010年的3.27%相比大幅提升，比2010年提高近90%，比2005年提高近3倍。

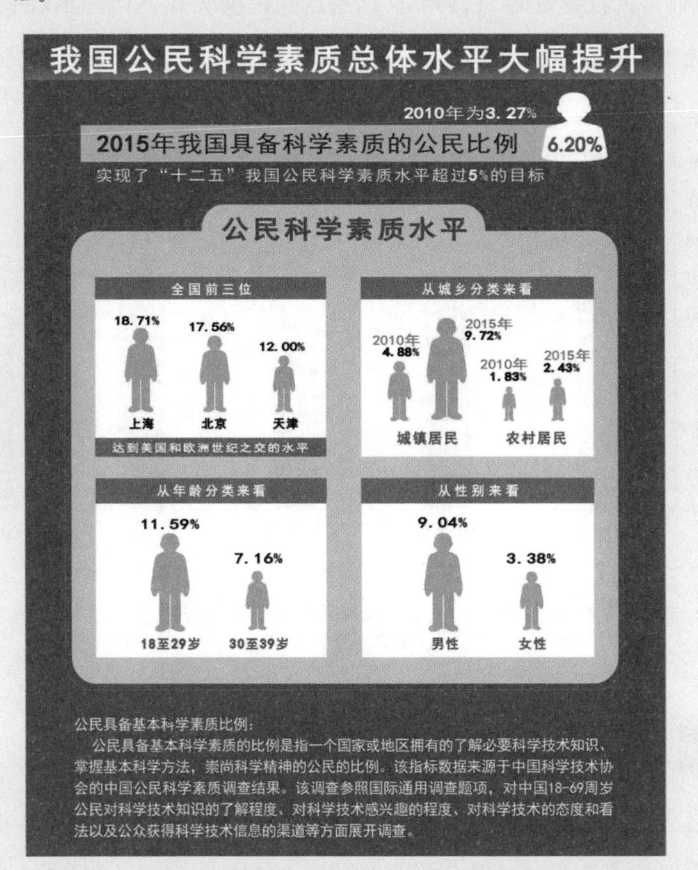

与此同时，自2013年以来，消费者对食品安全的投诉量持续下降（图9-9）。中国消费者协会每年发布全国消协组织受理投诉情况分析报告。自2013年以来，总体而言，在全国消协组织受理的商品大类投诉中，食品类投诉量、食品类投诉量占大类食品投诉总量的比重均呈逐年下降的态势。2017年，食品类投诉量20 944件，占所有投诉量的比重为2.28%，分别比2013年下降22 029件、3.24%，投诉量在整个商品大类投诉量中位次由2013年的第4位下降到2017年的第6位（图9-10）。食品类投诉量、占所有投诉量的比重在整个商品大类投诉量中位次下降。而且值得关注的是，在2017年的食品投诉中，价格、计量、合同、人格尊严、售后服务等五类非食品安全质量的投诉量为6 701件，占投诉量的31.99%。所有这些，也从另一个侧面反映了食品安全水平处于不断提升的状态。

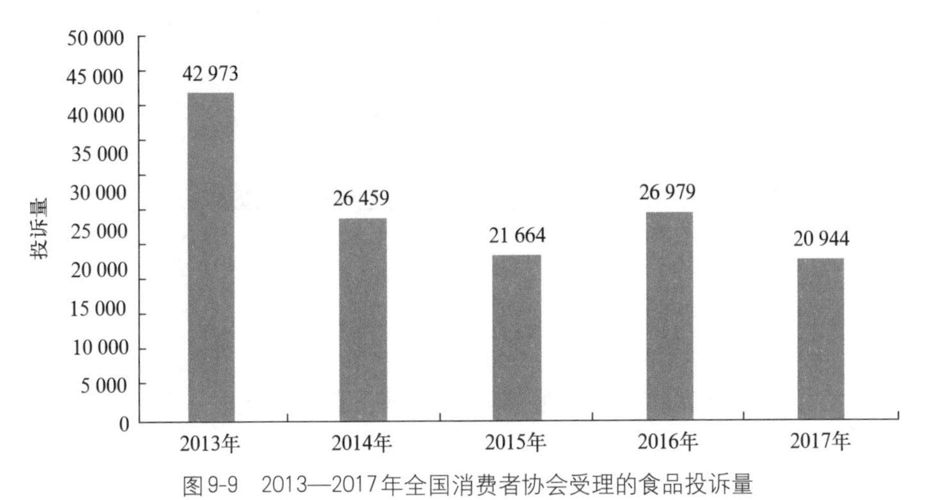

图9-9　2013—2017年全国消费者协会受理的食品投诉量

资料来源：中国消费者协会，2013—2017. 全国消协组织受理投诉情况分析［R］. 北京：中国消费者协会官网.

9.2.3 国际媒体与国际组织的积极评价

与过去国际媒体以负面报道为主的状况相比较，2013年以来，国际媒体对中国食品安全积极评价的报道呈日趋增多的态势。2015年2月3日，联合

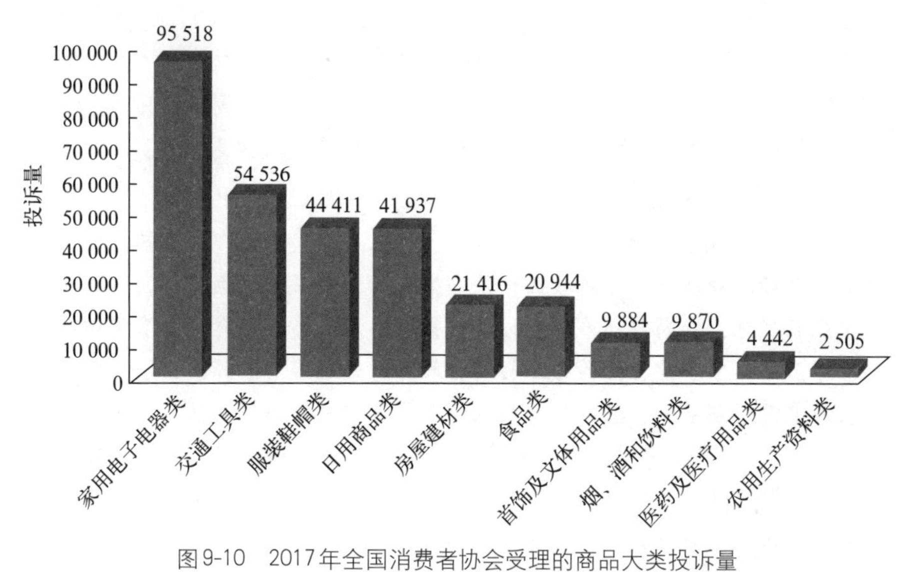

图9-10 2017年全国消费者协会受理的商品大类投诉量

资料来源：中国消费者协会，2017. 2017年全国消协组织受理投诉情况分析［R］. 北京：中国消费者协会官网.

早报发表社论称，新华社在2月1日全文刊发了以中共中央、国务院名义发布的《关于加大改革创新力度加快农业现代化建设的若干意见》，反映中国政府最关注的治理领域。以中共中央、国务院名义发布的这个俗称“1号文件”的政策文告，是中国政府连续12个年头就“三农”问题——农业、农村、农民——表达重视之意，也显示了“三农”问题的特殊性。联合早报的社论称，今年的1号文件全文1.2万余字的文件，共分5大项目32个要点，就“三农”的方方面面，表述了当局全年工作的重点。今年比较引起各界注意的，无疑是文件对食品安全的强调。据大陆媒体统计，文件提到“食品安全”的一共有7处，从标准化生产、食品安全监管能力、地方政府法定职责、生产经营者主体责任等，到建立全程可追溯的食品安全信息平台，凸显了对食品安全问题综合治理的决心。

国际相关组织也对中国食品安全风险治理取得的重大进展给予积极的评价。具有典型性的一个案例是英国《经济学人智库》(the Economist Intelligence Unit）对中国食品安全状况的客观评价。《经济学人智库》

拓展阅读

路透社：中国将食品安全列入监管部门履职考核

据路透社网站2013年4月16日报道，根据安排，中国将健全标准审评程序和制度，增强标准制定的透明度。2013年底前将基本完成食品相关标准的清理，完善食品中致病微生物、食品添加剂使用、食品生产经营规范、农药兽药残留等方面的标准，制（修）订蜂蜜、食用植物油等产品标准和配套检验方法标准。此外，还将推动食品安全法、保健食品监督管理条例、餐厨废弃物管理及资源化利用条例等法律法规的制（修）订，强化相关法律法规的衔接，完善监管执法依据，加大惩处力度。同时将进一步完善食品安全绩效评价指标体系，逐级健全督查考核制度，加强对地方政府、监管部门食品安全工作的考核；将信息通报、行政执法、违法行为处理等列入对监管部门履职情况考核的内容。报道指出，食品安全将被纳入社会管理综合治理考核、政府绩效考核内容。发生重大食品安全事故的地方在文明城市、卫生城市等评优创建活动中将实行一票否决。

于2017年7月发布的《2017全球食品安全指数报告》（GFSI）显示，在113个被评估国家和地区中，中国位居第45位，综合评分63.7。其中，在食品质量与安全方面，中国排名第38位，得分为70.7分，在全球处于中等水平。《全球食品安全指数》是依据世界卫生组织、联合国粮农组织、世界银行等权威机构的官方数据，针对113个国家和地区的食品安全现状进行综合评估，算出总排名与分类排名[①]。《2017全球食品安全指数报告》是对党的十八大以来我国食品安全风险治理所取得的成就较为客观、公正的评价。

---

① The economist intelligence unit，2017. The global food security Index [R]. London：The Economist Website.

链接

Patrick Wall教授认为：中国对全球食品安全保障做出了积极贡献

2016年1月12日，由国家食品药品监督管理总局、中国科学技术协会指导，中国食品科技学会主办，中国经济网、腾讯网协办的“2015年食品安全热点科学解读媒体沟通会”在北京举行。国际食品安全专家代表，欧洲食品安全局前主席、国际食品科技联盟、国际食品安全专家委员会共同主席、爱尔兰都柏林大学教授Patrick Wall在会议发言中表示，食品安全事件是世界各国都面临的问题，中国在保障食品安全方面所做的工作，对全球食品安全保障做出了积极贡献，具有借鉴意义。Patrick Wall介绍称，由于食品供应链的复杂，导致了欧洲国家也出现了如“马肉掺假”“瘦肉精事件”“疯牛病事件”等食品安全问题。但值得注意的是，来自中国的预混合物饲料添加剂、食品追溯、快速基因测试方法、政府对食品类电商的监管等，都为欧洲食品安全供应链和食品安全保障提供了原料和借鉴。

9.3 新时代食品安全风险治理面临的挑战与人民群众的新期待

前文已经分析了近年来我国食品安全风险与事件的主要成因，要从根本上消除这些成因将是一个长期的过程。进一步分析，虽然我国食品安全风险治理取得一系列新的成效，但新时代食品安全风险治理仍然面临的一系列的挑战，突出地表现在以下几个方面。

9.3.1 新时代食品安全风险治理面临的挑战

9.3.1.1 源头风险将集中爆发　工业化发展对生态环境造成了破坏，有些甚至是难以逆转的破坏，这些都可能影响食品安全。此外，长期以来农业生产中化肥、农药等化学投入品的高强度施用，使得农产品与食品安全风险治理具有持久性、复杂性、隐蔽性特点，治理起来难度较大。比如，由于农药残留具有难以溶解、不易挥发的特征，现实中农产品质量安全例行监测中所检测到的禁限用农药残留，有可能是10年甚至更久之前就残留于土壤之中的。工业化发展与化学投入品高强度施用等问题长期累积给食品安全带来的影响在新时代将集中爆发，源头治理具有长期性、复杂性。

拓展阅读

农药残留及其危害

喷洒的农药除部分落到农作物或杂草上，大部分落到土壤或地表水中。这些残留在土壤中的农药就成为水和土壤的污染源，有些农药在土壤中残留时间很长。以有机氯农药为例，持久性和难降解性是有机氯农药最显著的特性之一。有机氯农药化学性质稳定，对于自然条件下的生物降解、光降解和化学分解等作用具有很强的抵抗能力。一旦排放到环境中，它们难于被分解，可在水体、土壤和底泥等环境介质中存留数年甚至更长时间。尽管中国于20世纪80年代开始全面禁止使用高毒高残留的有机氯农药，但由于其在环境中的持久性和难降解性，至今仍能从我国部分地区的土壤、水体和底泥中检测到其残留物，对农业生产安全和人类健康构成了不同程度的威胁。当消费者食用了含有农药残留的食品，特别是喷洒了高毒农药不久的食品时可能会引起急性中毒；此外，长期食用农药会残留量较高的食品，农药会在人体内逐渐蓄积，对人体健康产生危害。

资料来源：董玉瑛，冯霄，2003. 持久性有机污染物分析和处理技术研究进展［J］. 环境污染治理技术与设备（4）：49-55.

9.3.1.2 生产经营组织转型带来的一系列新问题凸显　多年来，我国食品生产与加工企业的组织形态虽然在转型中发生了积极的变化，但以“小、散、低”为主的格局并没有发生根本性改观。在全国40多万家食品生产加工企业中，90%以上是非规模型企业。我国人口接近14亿，全国每天有约20亿千克食品的市场需求，而生产供应主体多是技术手段缺乏的小微型生产与加工企业，这也成为食品安全事件的多发地带。与此同时，分散化小农户仍然是农产品生产的基本主体，其出于改善生活水平的迫切需要，不同程度地存在不规范的农产品生产经营行为。而这也将难以在短时期内得到有效改变。食品生产经营组织转型的任务比历史上任何时期更为艰巨，同时带来一系列新的问题，

图说

食品添加剂超范围、超限量地使用成为影响食品安全的突出问题

2017年，国家食品药品监督管理总局共监督抽检28大类食品41个食品添加剂项目。结果表明，其中的24大类食品的22个项目检出食品添加剂不合格样品，占总不合格样品的比例虽然分别比2015年、2016年下降了0.95%、9.75%，但仍然达到23.85%。在不合格样品中，膨松剂、防腐剂、漂白剂、甜味剂、着色剂滥用最多，不合格食品类别涉及蔬菜制品、茶叶及其相关制品、餐饮食品等。超范围、超限量地使用食品添加剂成为影响食品安全的突出问题。

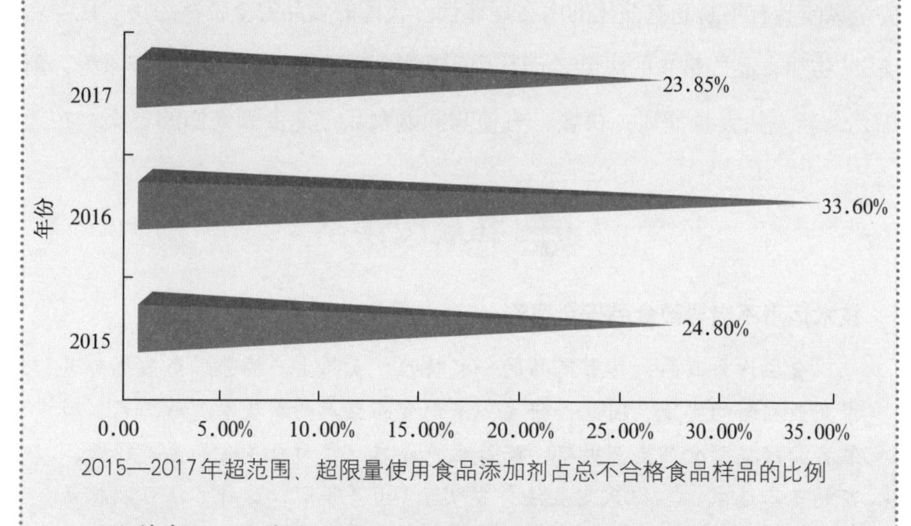

2015—2017年超范围、超限量使用食品添加剂占总不合格食品样品的比例

资料来源：国家食品药品监督管理总局，2017年各类食品抽检监测情况汇总分析。

既要以"四个最严"的要求为遵循，又要落实食品领域"放管服"改革要求，简化市场准入审批流程；既要确保食品安全，又要对新业态、新产业实行"包容审慎"监管；既要强化对小微型生产加工、经营企业的监管，保证不同层次消费群体的食品安全，又要促进就业等。

9.3.1.3 人源性风险治理难度极大　　我国农产品与食品安全风险结构正在发生深刻的变化，人为风险已逐步超过自然风险占主导地位。最基本的原因是从农田到餐桌整个食品供应链体系中主体的诚信和道德缺失，且由于处罚与法律制裁的不及时、不到位，更容易引发行业潜规则，在"破窗效应"的影响下，超范围、超限量地使用食品添加剂、非法添加化学物质与制假售假的状况具有一定的普遍性。新时代是历史的延伸，未来较长一个时期内人源性风险与"化学污染""新型风险"等相互融合并进一步叠加，我国食品安全风险的显示度将保持高位状态，食品安全事件发生的概率高且发生量大。

9.3.1.4 多重风险相互渗透叠加　　一个国家或地区的食品安全风险与不同历史时期的经济社会发展水平、生态环境问题、社会风气等高度相关，食品安全风险具有不断动态演化的内在规律性。我国的食品安全正在经历"化学污染""劣质食品"带来的风险，而且由于生物技术飞速发展，食品新原料、新工艺、新方法大量涌现，快餐、方便与网购食品迅速占领人们的餐桌，在为

拓展阅读

技术运用不当导致食品安全风险

食品作为商品，具有商品的一般特性。食品生产经营厂商必然要追求商业利润的实现。因此，研发、采用食品生产的新技术、新工艺、新装备，以提高食品生产效率，降低生产成本，成为众多食品生产经营厂商的基本追求。"凯氏定氮法"发明于100多年前，这种方法可以把蛋白质中的代表性元素——氮剥离出来，转化为结构简单的小分子铵盐。然后通过检测铵盐的含量，再乘以系数，最后折算出原样品中蛋白质的

含量。它解决了当时检测蛋白质的重大技术难题，至今仍然是检测乳制品中蛋白质含量的国际通行标准方法。从技术上，可以利用对这一检测技术原理的认知，将三聚氰胺添加在不合格的奶粉中，使奶粉符合蛋白质含量的要求，这是科技能动性的体现。但这一技术被不法商人所应用，成为不法商人获取巨大利润的手段，最终导致"三鹿奶粉"事件，这是对技术的不当利用所导致的。2008年5月暴发的"三鹿奶粉"事件就是最典型的运用技术不当而导致在重大食品安全事件。

资料来源：吴林海，等，2010. 食品新技术安全风险产生的背景与解决的主要路径研究 [J]. 食品工业科技 (7)：316-320.

消费者提供新体验、带来更多便利的同时，也带来与传统风险不同的"新型风险"。随着我国农产品与食品进口规模不断扩大，加剧了农产品与食品对国际贸易的依赖程度，进一步拉长了食品产业链，给安全监管提出了新的挑战。与此同时，一些不法食品生产者通过使用新技术，也衍生出一系列隐蔽性更强的食品安全风险。"化学污染""劣质食品""新型风险"等不同风险间相互渗透叠加的态势在新时代表现的将尤其明显。

9.3.1.5 突破影响食品安全关键技术的难度剧增　我国现阶段的食品工业总产值约占世界食品工业总产值的20%，居世界第一位。但食品工业内部结构不合理，初级食品加工业占食品加工业的比重达60%，而属于精深加工的食品制造业仅占总产值的30%左右，表明我国食品工业仍属于以初级食品加工为主的资源型产业，产业发展方式较粗放，整体发展水平依然比较落后。近年来，我国食品工业努力实施创新驱动战略，技术创新投入与产出实现了新提升。2010—2015年，我国食品工业的技术创新投入总体表现为较为明显的增长态势，为我国食品工业转型升级提供了技术保障（图9-11）。但是与发达国家仍然有明显的差距。2008—2011年，美国食品工业研究与试验发展（R&D）经费投入强度远高于我国，分别是我国食品工业的1.81倍、1.34倍、1.71倍和2.5倍。而美国平均每个食品工业企业的专利申请数和授权数分别是我国的2~3倍[①]。保障食品安全的基本路径是依靠技术创新。然而，深层次的问题还在于，重点突破影响食品安全“卡脖子”关键技术的难度越来越大。只有突破基础理论，才可能突破“卡脖子”的关键技术。而基础理论的突破不是一朝一夕能实现的，往往需要二三十年的持续努力才可能达成。食品安全保障技术如何从过去跟跑、并跑，弯道超越，在新时代实现领跑，任务十分艰巨。

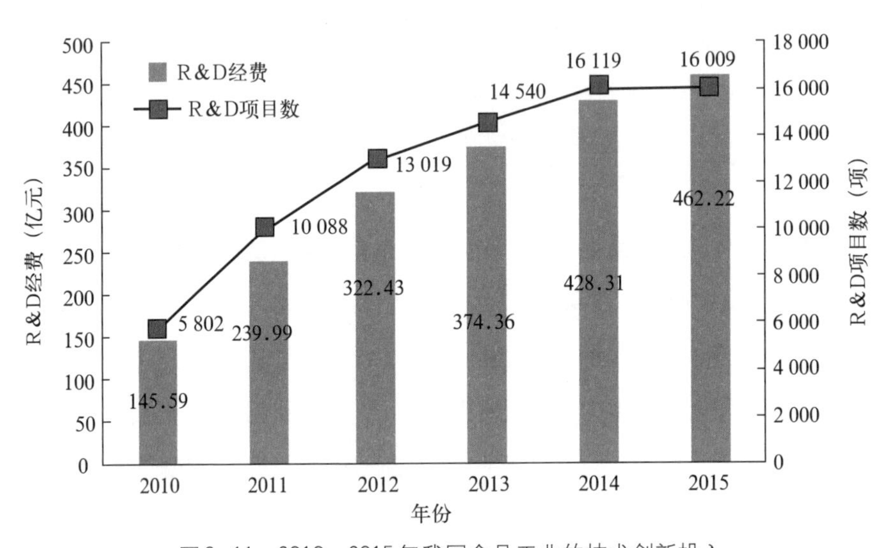

图9-11 2010—2015年我国食品工业的技术创新投入

资料来源：吴林海，等，2015．中国食品安全发展报告（2015）[M]．北京：北京大学出版社．

9.3.2 新时代人民群众对食品安全的新期待

中国特色社会主义进入了新时代。这是党的十九大作出的新的重大政治论断。进入新时代的基本依据，则是我国社会主要矛盾的转化。党的十九大报告指出，我国社会主要矛盾已经转化为人民日益增长的美好生活需要和不平衡不充分的发展之间的矛盾。在新时代，人民群众对食品的新期待主要表现在：

9.3.2.1 食品安全的期望更高　随着收入水平的提高，健康意识的增强

① 吴林海，等，2015．中国食品安全发展报告（2015）[M]．北京：北京大学出版社．

和消费观念的改变，人民群众食品消费结构发生了历史性变化，多样化、精细化、营养化、生态化已成为新时代食品消费的主流形态。

9.3.2.2 食品安全差距要求更小　农村与欠发达地区的人民群众对食品质量安全的要求迅速提升，普遍要求缩小城乡间、不同区域间食品质量安全的供给差距，普遍要求充分实现食品质量安全供给的均等化。

9.3.2.3 食品安全需求范围更广　人民群众对食品安全消费科学知识的渴望、食品消费的便捷性与安全性、食品安全信息数量与质量供给的需求、食品安全政策的参与性等方面比以往任何时候都有更广的要求。

拓展阅读

超过半数的受访农民普遍担忧三类食品安全风险

江南大学食品安全风险治理研究院自2012年以来，连续在固定的调查地区跟踪研究农村食品安全风险治理状况。2017年10月，江南大学食品安全风险治理研究院实地调查了福建、河北、河南、湖北、湖南、吉林、江苏、江西、内蒙古、宁夏、山东、山西、四川、天津、浙江等15个省、自治区、直辖市的43个地区的2 075个农民样本（以下简称受访农民）。调查发现。分别有62.69%、55.91%、51.38%受访农民表示对食品生产与经营中不当或违规使用添加剂与非法使用违禁化学品、农兽药残留超标、重金属含量超标所诱发的食品安全风险比较担忧与非常担忧，受访农民的食品安全总体满意度为64.19%，比2012年仅提高了0.39%，五年来并未有明显的提高。调查结果还显示，与过去状况相比较，28.20%的受访农民认为食品安全情况变差了或有所变差，且28.1%的受访农民对未来的食品安全很没有信心或信心不足。因此，提升农村食品安全满意度的任务艰巨。

资料来源：江南大学食品安全风险治理研究院提供。

然而，与人民美好生活需要对食品安全新期待相比，食品质量安全有效供给不平衡不充分的问题比较突出。这是新时代我国社会主要矛盾在食品安全领域的具体体现。主要表现在：

①地区间的不平衡性。发达地区的食品质量安全状况明显好于欠发达地区。2017年有11个省份食品安全监督抽检合格率低于全国97.6%的平均水平，食品安全合格率最高与最低的省份相差5个百分点。

②城市与农村间的不平衡性。尤其是随着城市食品安全监管力度的加大与城市消费者食品安全意识的不断提高，致使假冒伪劣、过期食品以及被城市市场拒之门外的食品很大部分流向农村，给农村食品安全风险治理带来了新的难题。

③不同食品种类间的不平衡性。2017年，国家食品药品监督管理总局分阶段对粮食加工品、食用油和油脂及其制品、调味品、肉制品、乳制品、饮料、方便食品、饼干、罐头、冷冻饮品、速冻食品、薯类和膨化食品、糖果制品、茶叶及相关制品、酒类、蔬菜制品、水果制品、炒货食品及坚果制品、蛋制品、可可及焙烤咖啡产品、食糖、水产制品、淀粉及淀粉制品、糕点、豆制品、蜂产品、保健食品、婴幼儿配方食品、特殊膳食食品、餐饮食品、食用农产品、食品添加剂等32大类食品进行了监督抽检。在所监督抽检的32大类食品样品中，合格率高于2017年总体合格率97.6%的食品类别包括粮食加工品、婴幼儿配方食品、乳制品等18类，其中合格率最高的是食品添加剂与可可及焙烤咖啡产品，合格率均为100.0%，而包括方便食品、特殊膳食食品、饮料等14类食品合格率低于97.6%，其中合格率最低的食品类别是方便食品，合格率仅为93.1%（图9-12）。

④食品质量安全的不稳定性。以糕点、方便食品、冷冻饮品为例，2014年、2015年、2016年、2017年国家食品安全监督抽检的合格率分别为95.2%、95.7%、95.9%，94.5%、97.0%、94.1%，93.4%、94.2%、94.3%，96.4%、93.1%、96.3%，具有一定的波动性（图9-13）。

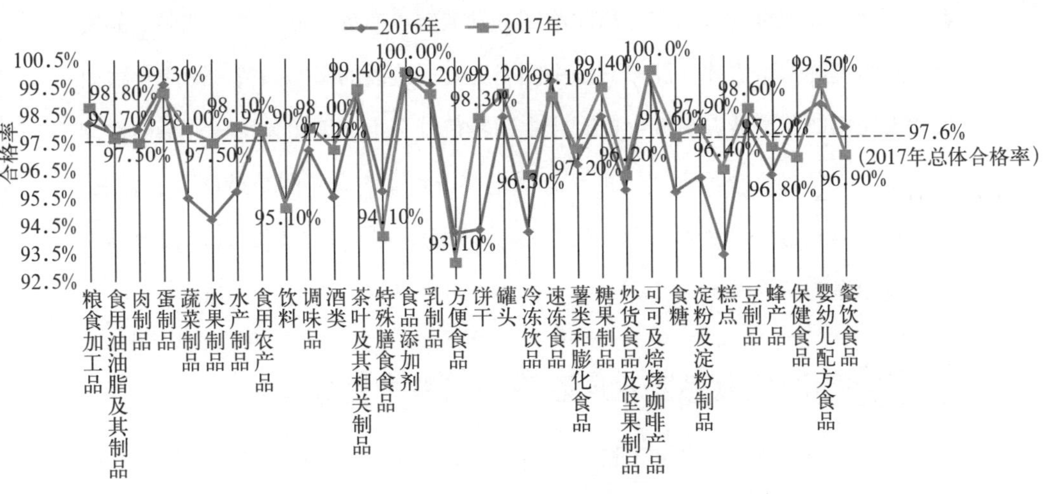

图9-12 2016年、2017年各类食品安全监督抽检合格率对比

资料来源：国家食品药品监督管理总局，各类食品抽检监测情况汇总分析。

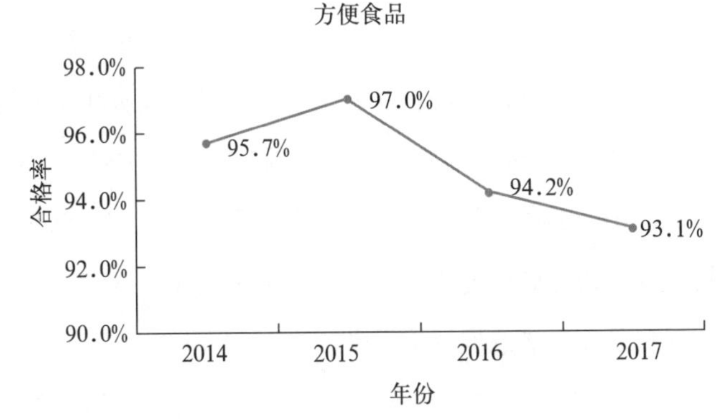

图9-13 2014—2017年方便食品监督抽检合格率变化

资料来源：国家食品药品监督管理总局，各类食品抽检监测情况汇总分析。

9.4 奋力开创新时代食品安全风险治理的新局面

在中国人口如此之多、对国计民生影响力如此之巨、改革难度如此之大的食品安全风险治理领域，展开革命性的食品安全风险治理活动，进行颠覆性的食品生产方式的转型，并且在短时间内，食品安全风险治理水平达到了一个崭新的高度，纵观世界食品安全风险治理的发展轨迹亦属罕见。科学把握食品安全风险治理的基本规律，深刻认识中国所处发展阶段的基本国情，顺应实践要求和人民愿望，坚持以习近平新时代中国特色社会主义思想为指导，全面贯彻党的十九大精神，全面落实习近平总书记关于食品安全“四个最严”的要求，全面实施《食品安全法》，通过持之以恒的努力，必将开创新时代中国食品安全风险治理的新局面。

9.4.1 新时代食品安全风险治理的基本目标

在中国特色社会主义进入新时代的历史关键期，基于我们党对社会主义现代化目标的全面认识和实践总结，党的十九大做出“两个阶段”“两步走”的战略安排，描绘制定了我国社会主义现代化建设的精准路线图和时间表。食品安全风险治理作为国家风险治理的重要组成部分，与全面建设社会主义现代化国家目标相对应，新时代全面推进食品安全风险治理应该明确如下基本目标：

①到2020年，统筹推进食品安全治理体系与治理能力建设，以实现城乡间、不同区域间、不同品种间的食品质量安全均衡与有效供给为重点，确保食品质量安全持续保持稳定向好的态势，基本杜绝区域性、系统性的食品安全事件，人民群众对食品安全满意度持续提升。

②到2035年，通过改革的持续深化，基本形成科学完备的食品安全风险治理体系，基本实现食品安全风险治理能力的现代化，实现食品安全状况的根本性好转。

③到本世纪中叶，食品安全风险法治体系与共建共治共享的食品安全风险治理体系高度完备，全面实现食品安全风险治理能力的现代化，全体人民共同享受高质量的食品供给，基本实现中国成为食品安全保障水平领先的国家。

9.4.2 新时代食品安全风险治理的基本原则

实现新时代食品安全风险治理的基本目标，必须牢牢把握以下四个基本原则。

9.4.2.1 以人民为中心的原则　带领人民创造美好生活，这是我们党始终不渝的奋斗目标。全面实施食品安全战略，全面推进食品安全风险治理必须基于以人民为中心的发展思想来全面、深入、科学地谋划，把充分保障“人民获得感、幸福感、安全感更加充实”作为战略实施的出发点与落脚点。

9.4.2.2 科学治理的原则　食品安全风险治理具有客观规律性。自然因素、技术能力等所引发的食品安全风险具有难以抗拒的基本特征，必须依靠科学技术，通过实施创新驱动战略来逐步解决。解决人源性风险主要依靠治理体系的完善与治理能力的提高。这是一个循序渐进、动态变化的过程。

9.4.2.3 协同治理的原则　食品安全风险治理是一个非常复杂的系统，需要政府、市场、社会组织与公众间的相互协同。在深化政府自身监管体制改革，努力发挥市场配置食品质量安全供给决定性作用的同时，应该高度重视社会力量参与机制的建设，发挥公民与社会组织独特的作用。

9.4.2.4 从实际出发的原则　不同的地区，不同的发展阶段，食品安全风险的主要问题与表现形式具有差异性。这要求各地从实际出发，坚持治标与治本、体制创新与技术进步的有机统一，科学配置治理资源，通过持之以恒的努力，实现食品质量安全的根本性好转。

9.4.3 新时代食品安全风险治理的基本路径

深刻把握新时代食品安全风险治理的基本目标，牢牢坚持新时代食品安全风险治理的基本原则，科学实践党的十八大以来党中央明确的食品安全风险治理的制度安排，以满足人民群众的新期待为重点，以解决最紧迫、最突出的问题为关键，接力探索，接续奋斗，标本兼治，走出更为宽广的食品安全风险治理道路。

9.4.3.1 有效完善法治体系　形成以《食品安全法》为核心，相关法律法规相配套、相衔接的上下结合、绵密规范的法治体系；发挥“食药警察”专业队伍的作用，协同监管部门与司法部门的力量，统筹配置不同区域间、城市与农村间的执法力量，依法提高食品安全“违法成本”，重中之重的是要依法严厉打击人为因素导致的食品安全问题，特别是造假、欺诈、超范围超限量使用食品添加剂、非法添加化学品、使用剧毒农药与禁用兽药等犯罪行为，坚决铲除制假售假的黑工厂、黑作坊、黑窝点、黑市场，持之以恒地营造食品生产经营主体不敢、不能、不想违规违法的常态化体制机制与法治环境。

9.4.3.2 持续深化体制改革　把握风险治理整体性的基本规律，深化改革，全面优化中央、省、市、县（市、区）政府部门间、同一层次政府部门之间食品安全风险治理的职能、权责与资源配置，形成事权清晰、责任明确、属地管理、分级负责、无缝监管、覆盖城乡的食品安全监管体制。重心下移，优先向县及乡镇街道倾斜与优化配置监管力量、技术装备，形成横向到边、纵向到底的监管体系；以县级行政区为单位，分层布局、优化配置、形成体系，基于风险的区域性差异与技术能力建设的实际，强化县级技术支撑能力建设，将地方政府负总责直接落实到监管能力建设上。

9.4.3.3 全力构建共治机制　全面贯彻党的十九大报告中提出的“完善党委领导、政府负责、社会协同、公众参与、法治保障的社会治理体制，提高社会治理社会化、法治化、智能化、专业化水平”的要求，形成政府、市场、社会等多个主体协同的食品安全风险治理体系。基于食品供应链风险的全程治理，推动并逐步实施食品供应链内部私人契约激励、农产品安全生产内生性约束、安全食品市场培育机制、声誉机制等多种市场治理手段，完善食品安全风险治理的市场机制。根据不同社会组织的功能特点与公民参与的现实方式，基于“满足共治需求、主体职能明确、类型结构合理、协同合作有效”的原则，积极培育社会组织。开拓公众参与风险治理的渠道，完善食品安全投诉举报体系，落实举报奖励政策与保护制度等，努力构建与新时代相适应的食品安全风险治理的社会参与机制。

9.4.3.4 突出源头风险治理　农产品生产是第一车间，食品安全风险治理必须把住农产品生产的源头环节，治土治水，依托新型经营主体集中连片推进化肥农药减量控害增效；依靠技术创新，突破现有土壤污染修复技术成本高、周期长、难度大的困难，加快土壤污染的综合治理；以县（区）为单位，分类指导，科学规划，建设区域性畜禽粪便集中处理与资源化利用中心，完善畜禽粪便收集处理社会化服务体系。与此同时，以新型经营主体为重点，推进质量兴农，发展绿色农业，促进农产品生产的标准化。

9.4.3.5 不断推进结构转型　加快供给侧结构性改革，全面淘汰落后产能，增强有机食品、绿色食品、保健食品、特殊医学用途配方食品等中高端食品市场的供应能力；鼓励以优势农产品与食品行业的重点企业为主体，兼并重组，建设若干个主业突出、结构合理、活力充分的食品企业群体结构；发挥地域农业的地理、交通、技术等资源优势，发展具有特色的农产品与食品产业带；加快技术创新步伐，依靠技术创新完善标准体系，推动食品产业水平向中高端迈进，走高、精、尖的食品品牌化发展道路。